# 《丽江乡土树种植物图鉴》编委会

主　编：莫新春　张映安

编　委：李　金　王　玲　余成华　李庆华

杨根林　高培仁　寇　灿　王洪艳

# 丽江乡土树种植物图鉴

莫新春　张映安 / 主编

云南大学出版社
YUNNAN UNIVERSITY PRESS
·昆明·

**图书在版编目（CIP）数据**

丽江乡土树种植物图鉴 / 莫新春，张映安主编．—— 昆明：云南大学出版社，2024
ISBN 978-7-5482-5140-8

Ⅰ．①丽… Ⅱ．①莫…②张… Ⅲ．①植物—丽江—图集 Ⅳ．①Q948.527.43-64

中国国家版本馆CIP数据核字（2024）第099383号

**丽江乡土树种植物图鉴**

LIJIANG XIANGTU SHUZHONG ZHIWU TUJIAN

莫新春　张映安　主编

**策　　划：段　然**
**责任编辑：李　平**
**封面设计：李　昱**

---

出版发行：云南大学出版社
印　　装：昆明理煌印务有限公司
开　　本：787mm × 1092mm　1/16
印　　张：19.25
字　　数：490千
版　　次：2024年5月第1版
印　　次：2024年5月第1次印刷
书　　号：ISBN 978-7-5482-5140-8
定　　价：85.00元

---

社　　址：昆明市一二一大街182号（云南大学东陆校区英华园内）
邮　　编：650091
电　　话：（0871）65033307　65033244
网　　址：http：//www.ynup.com
E-mail：market@ynup.com

---

若发现本书有印装质量问题，请与印厂联系调换，联系电话：（0871）64167045。

# 序

丽江市位于云南省西北部云贵高原与青藏高原的衔接地段，最高海拔5596米，最低海拔1015米，相对高差达4581米，地貌以高山峡谷为主，地形错综复杂，气候多样。特殊的地理位置及海拔高差造就了其复杂的气候环境，生物多样性十分丰富，是中国乃至世界植物多样性最丰富和最集中的地区之一。据不完全统计，丽江市境内分布有7000多种植物，其中杜鹃科、蔷薇科等植物是著名的观赏植物。

丽江丰富的植物资源引起了不少专家学者的注目，尤其在近年以来，我国不少专家学者及丽江市许多老一辈林业科技工作者，历经艰辛，上高山、穿林海，采集各类植物标本，进行鉴定分类，同时开展各类植物生态系统与生物学特性的研究工作，为丽江市绿色发展奠定了区域地域特色与民族特色。

为深入贯彻落实习近平生态文明思想，全方位展示丽江区域绿色生态发展优势，打造宜居宜养、生态美、环境美的绿色丽江，莫新春博士带领团队成员深入丽江市林区，对丽江市乡土树种植物进行调查、分类研究，推出了系列科普作品《跟着老莫观自然》，深受广大林草业工作者和植物爱好者的喜爱和好评。为了进一步强化与宣传丽江优美的自然景观，扩大丽江区域特色乡土树种植物科普面，推动丽江市生态绿色发展，我们特编写本书。本书筛选收集绿化植物共计67科149属293种，重点介绍了各植物相应的形态特征、叶、花、果实、种子、花期等特点，并附有彩色植物图片800多张。本书图文并茂，便于查阅，期盼能被读者青睐，为筑牢长江上游生态安全屏障尽绵薄之力！

由于时间仓促，编者水平有限，本书疏漏和不足之处在所难免，敬请各位读者批评指正。

**编写组**

2024年2月

# 目　录

# 目 录

# 目　录

# 目 录

# 目 录

# 干香柏

*Cupressus duclouxiana*

**柏科** Cupressaceae | **柏木属** *Cupressus*

**植株**：乔木，高达25米，胸径80厘米；树干端直，树皮灰褐色，裂成长条片脱落；枝条密集，树冠近圆形或广圆形；小枝不排成平面，不下垂；一年生枝四棱形，径约1毫米，末端分枝径约0.8毫米，绿色；二年生枝上部稍弯，向上斜展，近圆形，径约2.5毫米，褐紫色。

**叶**：鳞叶密生，近斜方形，长约1.5毫米，先端微钝，有时稍尖，背面有纵脊及腺槽，蓝绿色，微被蜡质白粉，无明显的腺点。

**花**：雄球花近球形或椭圆形，长约3毫米，雄蕊6~8对，花药黄色，药隔三角状卵形，中间绿色，周围红褐色，边缘半透明。

**果实和种子**：球果圆球形，径1.6~3厘米，生于长达2毫米的粗壮短枝顶端；种鳞4~5对，熟时暗褐色或紫褐色，被白粉，顶部五角形或近方形，宽8~15毫米，具不规则向四周放射的皱纹，中央平或稍凹，有短尖头，能育种鳞有多数种子；种子褐色或像褐色，长3~4.5毫米，两侧具窄翅。

**花果期**：花期1~2月，球果翌年9月成熟。

# 刺 柏

**柏科** Cupressaceae | **刺柏属** *Juniperus*

*Juniperus formosana*

**植株**：乔木，高达 12 米；树皮褐色，纵裂成长条薄片脱落；枝条斜展或直展，树冠塔形或圆柱形；小枝下垂，三棱形。

**叶**：三叶轮生，条状披针形或条状刺形，长1.2～2厘米，很少长达 3.2 厘米，宽 1.2～2 毫米，先端渐尖具锐尖头，上面稍凹，中脉微隆起，绿色，两侧各有 1 条白色、很少紫色或淡绿色的气孔带，气孔带较绿色边带稍宽，在叶的先端汇合为 1 条，下面绿色，有光泽，具纵钝脊；横切面新月形。

**花**：雄球花圆球形或椭圆形，长 4～6 毫米，药隔先端渐尖，背有纵脊。

**果实和种子**：球果近球形或宽卵圆形，长 6～10 毫米，径 6～9 毫米，熟时淡红褐色，被白粉或白粉脱落，间或顶部微张开；种子半月圆形，具 3～4 棱脊，顶端尖，近基部有 3～4 个树脂槽。

**花果期**：花期 3～4 月，球果翌年 9～10 月成熟。

# 垂枝香柏

*Juniperus pingii*

柏科 Cupressaceae | 刺柏属 *Juniperus*

**植株**：乔木，高达30米，胸径可达1米以上；树皮褐灰色，裂成条片脱落；上部的枝条斜伸，下部的枝条近平展；小枝常呈弧状弯曲，枝皮灰紫褐色，裂成不规则薄片脱落；生叶的小枝呈柱状六棱形，下垂，通常较细，直或呈弧状弯曲。

**叶**：三叶交叉轮生，排列密，三角状长卵形或三角状披针形，微曲或幼树之叶较直，下面之叶的先端瓦覆于上面之叶的基部，长3～4毫米，先端急尖或近渐尖，有刺状尖头，上面凹，有白粉，无绿色中脉，下面有明显的纵脊，沿脊无纵槽。

**花**：雄球花椭圆形或卵圆形，长3～4毫米。

**果实和种子**：球果卵圆形或近球形，长7～9毫米，熟时黑色，有光泽，有1粒种子；种子卵圆形或近球形，具明显的树脂槽，顶端钝尖，基部圆，长5～7毫米。

**花果期**：花期10月，种子10月至翌年1月成熟。

## 高山柏

**柏科** Cupressaceae | **刺柏属** *Juniperus*

*Juniperus squamata*

**植株：**灌木，高1～3米，或呈匍匐状，或为乔木，通常高5～10米，稀高达16米或更高，胸径可达1米。

**叶：**叶全为刺形，三叶交叉轮生，披针形或窄披针形，基部下延生长，通常斜伸或平展，下延部分露出，稀近直伸，下延部分不露出，长5～10毫米，宽1～1.3毫米，直或微曲，先端具急尖或渐尖的刺状尖头，上面稍凹，具白粉带，绿色中脉不明显，或有时较明显，下面拱凸具钝纵脊，沿脊有细槽或下部有细槽。

**花：**雄球花卵圆形，长3～4毫米，雄蕊4～7对。

**果实和种子：**球果卵圆形或近球形，成熟前绿色或黄绿色，熟后黑色或蓝黑色，稍有光泽，无白粉，内有种子1粒；种子卵圆形或锥状球形，长4～8毫米，径3～7毫米，有树脂槽，上部常有明显或微明显的2～3钝纵脊。

**花果期：**花期5～6月，球果翌年9～10月成熟。

## 高山三尖杉

*Cephalotaxus fortunei* var. *alpina*

**红豆杉科** Taxaceae | **三尖杉属** *Cephalotaxus*

**植株**：乔木，高达 20 米，胸径达 40 厘米。

**叶**：叶较短窄，通常长 4 ~ 9 厘米，宽 3 ~ 3.5 毫米，稀长达 11 厘米，宽达 4.5 毫米。

**花**：雄球花几无总梗或具短的总梗，长不及 2 毫米，有时后期增长加粗，长达 4 ~ 6 毫米。

**果实和种子**：种子椭圆状卵形或近圆球形，长约 2.5 厘米，假种皮成熟时紫色或红紫色，顶端有小尖头；子叶 2 枚，条形。

**花果期**：花期 4 月，种子 8 ~ 11 月成熟。

# 高山红豆杉

**红豆杉科** Taxaceae | **红豆杉属** *Taxus*

*Taxus florinii*

**植株**：乔木，高达20米，胸径达1米；冬芽金绿黄色，芽鳞窄，先端渐尖，背部具纵脊，脱落或部分宿存于小枝基部。

**叶**：叶质地薄而柔，条状披针形或披针状条形，常呈弯镰状，排列较疏，列成2列，长1.5～4.7［通常2～3（～5）］厘米，宽2～3毫米，边缘向下反卷或反曲（干叶明显），上部渐窄，先端渐尖或微急尖，基部偏歪，上面深绿色或绿色，有光泽，下面色较浅，中脉微隆起，两侧各有1条淡黄色气孔带，中脉带与气孔带上均密生均匀微小的角质乳头状突起点，叶干后颜色变深，常呈暗绿色。

**花**：雄球花淡褐黄色，长5～6毫米，径约3毫米，具9～11枚雄蕊，每个雄蕊有5个花药。

**果实和种子**：种子生于肉质杯状的假种皮中，卵圆形，长约5毫米，径4毫米，微扁，通常上部渐窄，两侧微有钝脊，顶端有小尖头，种脐椭圆形，成熟时假种皮红色。

**花果期**：花期3～4月，种子翌年8～10月成熟。

# 云南榧

*Torreya yunnanensis*

**红豆杉科** Taxaceae | **榧属** *Torreya*

**植株**：乔木，高达 20 米，胸径达 1 米；树皮淡褐色或灰褐色，不规则纵裂；小枝无毛，微有光泽，一年生至二年生枝绿色至黄色或淡褐黄色，三年生枝黄色、淡褐黄色或淡黄褐色。

**叶**：叶基部扭转列成 2 列，条形或披针状条形，长 2～3.6 厘米，宽 3～4 毫米，上部常向上方稍弯，微呈镰状，先端渐尖，有刺状长尖头，基部宽楔形，上面光绿色，微拱圆，无明显隆起的中脉，有 2 条常达中上部的纵凹槽，下面中脉平或下凹，每边有 1 条较中脉带窄或等宽的气孔带，气孔带干时呈淡褐色；边带较宽，约为气孔带的 2～3 倍，叶柄短，干时黄色。

**花**：雌雄异株，雄球花单生叶腋，卵圆形，具 8～12 对交叉对生的苞片，成 4 行排列，苞片背部具纵脊，边缘薄，雄蕊多数，花药 4 个，稀 3 个，药室纵裂，药隔斜方形，或先端不规则 2 裂，边缘有缺齿，花丝粗短；雌球花成对生于叶腋，无梗，每 1 雌球花有 2 对交叉对生的苞片和 1 枚侧生的小苞片，苞片背部有纵脊，胚珠 1 枚，直立，生于珠托上。

**果实和种子**：种子连同假种皮近圆球形，径约 2 厘米，顶端有凸起的短尖头，种皮木质或骨质，坚硬，外部平滑，内壁有 2 条对生的纵脊，胚乳倒卵圆形，周围向内深皱，两侧各有 1 条纵凹槽，与种皮内壁两侧的纵脊相嵌合，顶端有长椭圆形、深褐色凹痕，中央有极小的尖头。

**花果期**：花期 4 月，种子翌年 10 月成熟。

## 云南黄果冷杉

**松科** Pinaceae | **冷杉属** *Abies*

*Abies ernestii* var. *salouenensis*

**植株**：乔木，高达 60 米，胸径达 2 米；树干枝下高较长，树皮暗灰色，纵裂成薄块状；大枝平展，上部的枝条斜上伸展，树冠尖塔形；一年生枝淡褐黄色、黄色或黄灰色，无毛或凹槽中有疏生短柔毛，二年生、三年生枝呈黄灰色、灰色或灰褐色；冬芽卵圆形或圆锥状卵圆形，有树脂。

**叶**：叶在枝条下面列成 2 列，上面之叶直立或斜上伸展，条形，弯镰状或直，不反曲，长 1.5～3.5 厘米，宽 2～2.5 毫米；幼树之叶长达 6 厘米，先端有凹缺；果枝之叶长达 4～7 厘米，先端微凹、微尖或尖，上面光绿色，无气孔线，稀近先端有 2～4 条气孔线，下面有 2 条淡绿色或灰白色的气孔带。横切面有 2 个边生树脂道，上面皮下层细胞 2 层，内层不连续排列，两端边缘 1～2 层，下面中部 2 层，内层连续或间断排列。

**花**：雌球花紫褐黑色。

**果实和种子**：球果通常较长，圆柱形或卵状圆柱形，长 5～10 厘米，径 3～3.5 厘米，有短梗或近无梗，成熟前绿色、淡黄绿色或淡褐绿色，稀紫褐黑色，熟时淡褐黄色或淡褐色，稀紫褐黑色；中部种鳞宽倒三角状扇形、扇状四方形或肾状四边形，长 1.7～3 厘米，宽 2.2～3.5厘米，上部宽圆较薄，边缘内曲，中部收缩或微收缩，两侧薄常突出，稀楔形，边缘有缺齿，下部圆截形，基部窄呈短柄状，鳞背露出部分密生短柔毛；苞鳞短，不外露，长及种鳞的 1/3～1/2，上部圆、微凹或平，边缘有细缺齿，背面中上部有纵脊，先端有急尖的短尖头，尖头长 1～2 毫米；种子斜三角形，长 7～9 毫米，种翅褐色或紫黑色，上部宽 8～12 毫米，边缘有波状细缺齿，连同种子长 1.5～2.7 厘米。

**花果期**：花期 4～5 月，球果 10 月成熟。

# 川滇冷杉

*Abies forrestii*

**松科** Pinaceae | **冷杉属** *Abies*

**植株**：乔木，高达 20 米；树皮暗灰色，裂成块片状；一年生枝红褐色或褐色，仅凹槽内有疏生短毛或无毛，二年生、三年生枝呈暗褐色或暗灰色；冬芽圆球形或倒卵圆形，有树脂。

**叶**：叶在枝条下面列成 2 列，上面之叶斜上伸展，条形，直或微弯，长 1.5 ~ 4（常为 2 ~ 3）厘米，宽 2 ~ 2.5 毫米，先端有凹缺，稀钝或尖，边缘微向下反卷，上面光绿色，下面沿中脉两侧各有 1 条白色气孔带；横切面有 2 个边生树脂道，上面皮下层细胞 1 层，连续或不连续排列，稀有不连续排列的内层，两端边缘 1 ~ 2 层，下面中部 1 层。

**果实和种子**：球果卵状圆柱形或矩圆形，基部较宽，长 7 ~ 12 厘米，径 3.5 ~ 6 厘米，无梗，熟时深褐紫色或黑褐色；中部种鳞扇状四边形，长 1.3 ~ 2 厘米，宽 1.3 ~ 2.3 厘米，上部宽厚，边缘内曲，中部两侧楔状，下部耳形，基部窄成短柄；苞鳞外露，上部宽圆或稍较下部为宽，先端有急尖的尖头，尖头长 4 ~ 7 毫米，直伸或向后反曲；种子长约 1 厘米，种翅宽大楔形，淡褐色或褐红色，包裹种子外侧的翅先端有三角状突起。

**花果期**：花期 5 月，球果 10 ~ 11 月成熟。

# 长苞冷杉

**松科** Pinaceae | **冷杉属** *Abies*

*Abies georgei*

**植株：** 乔木，高达 30 米，胸径达 1 米；树皮暗灰色，裂成块片脱落；大枝开展，小枝密被褐色或锈褐色毛，一年生枝红褐色或褐色，二年生、三年生枝褐色或暗褐色；冬芽有树脂。

**叶：** 小枝下部之叶列成 2 列，上部之叶斜上伸展，条形，下部微窄，直或微弯，长 1.5~2.5 厘米，宽 2~3.5 毫米，边缘微向下反卷，先端有凹缺、稀尖或钝，上面绿色，有光泽，下面有 2 条白色气孔带；横切面有 2 个边生树脂道，上面至下面两端边缘有 1 层连续排列的皮下层细胞，下面中部 1 层。

**果实和种子：** 球果卵状圆柱形，顶端圆，基部稍宽，无梗，长 7~11 厘米，径 4~5.5 厘米，熟时黑色；中部种鳞扇状四边形，长 1.9~2.1 厘米，宽 1.8~2.3 厘米，上部宽圆较厚，边缘内曲，中部楔状，下部两侧耳形，基部窄成短柄；苞鳞窄长，明显露出，长 2.3~3 厘米，宽 4~5 毫米，不外露部分的上部较宽，向下渐窄，或上下几等宽，或中部较窄，外露部分三角状，直伸，边缘有细缺齿，先端有长约 6 毫米的长尖头、直伸或微反曲；种子长椭圆形，长 1~1.2 厘米，种翅褐色，宽短，连同种子长 1.7~1.9 厘米。

**花果期：** 花期 5 月，球果 10 月成熟。

# 云南油杉

*Keteleeria evelyniana*

**松科** Pinaceae | **油杉属** *Keteleeria*

**植株**：乔木，高达40米，胸径可达1米；树皮粗糙，暗灰褐色，不规则深纵裂，成块状脱落；枝条较粗，开展；一年生枝干后呈粉红色或淡褐红色，通常有毛，二年生、三年生枝无毛，呈灰褐色、黄褐色或褐色，枝皮裂成薄片。

**叶**：叶条形，在侧枝上排列成2列，长2~6.5厘米，宽2~3（~3.5）毫米，先端通常有微凸起的钝尖头（幼树或萌生枝之叶有微急尖的刺状长尖头），基部楔形，渐窄成短叶柄；上面光绿色，中脉两侧通常每边有2~10条气孔线，稀无气孔线，下面沿中脉两侧每边有14~19条气孔线；横切面上面中部有2~3层皮下层细胞，两侧至下面两侧边缘及下面中部有1层皮下层细胞，两端角部2~3层。

**果实和种子**：球果圆柱形，长9~20厘米，径4~6.5厘米；中部的种鳞卵状斜方形或斜方状卵形，长3~4厘米，宽2.5~3厘米，上部向外反曲，边缘有明显的细小缺齿，鳞背露出部分有毛或几无毛；苞鳞中部窄，下部逐渐增宽，上部近圆形，先端呈不明显的3裂，中裂明显，侧裂近圆形；种翅中下部较宽，上部渐窄。

**花果期**：花期4~5月，种子10月成熟。

# 南方红杉

**松科** Pinaceae | **落叶松属** *Larix*

*Larix potaninii* var. *australis*

**植株**：乔木，高达50米，胸径1米；树皮灰色或灰褐色，纵裂粗糙；枝平展，树冠圆锥形；小枝下垂，幼枝有毛，后渐脱落，一年生长枝红褐色或淡紫褐色，很少淡黄褐色，直径1.5~3毫米，有光泽，通常无毛，稀叶枕之间的凹槽内有短毛，二年生枝红褐色或紫褐飞色，老枝和短枝灰黑色；短枝直径3~4毫米，顶端叶枕之间密生黄褐色柔毛；冬芽卵圆形，褐色或深褐色，有光泽，外层芽鳞先端尖，微开展，边缘具睫毛。

**叶**：叶倒披针状窄条形，长1.2~3.5厘米，宽1~1.5毫米，先端渐尖，上面中脉隆起，每边有1~3条气孔线，下面沿中脉两侧各有3~5条气孔线，表皮有乳头状突起。着生雌球花的短枝上无正常叶，仅有10余枚变形叶；短枝粗壮，直径4~8毫米，顶端叶枕之间通常无毛或近无毛，稀具密毛。

**花**：雄球花长5~7毫米，径约4毫米；雌球花紫红色或红色，生于有叶短枝的顶端，苞鳞通常直，稀上端微反曲。

**果实和种子**：球果较大，长5~7.5厘米，径2.5~3.5厘米；种鳞多而宽大，约75枚，长1.4~1.6厘米，宽1.2~1.4厘米，质地通常较厚；苞鳞长1.7~2.2厘米，宽4~5毫米；种子长约5毫米，径3毫米，连同种翅长1.2~1.4厘米，种翅宽约5毫米。

**花果期**：花期4~5月，球果10月成熟。

# 油麦吊云杉

*Picea brachytyla* var. *complanata*

**松科** Pinaceae | **云杉属** *Picea*

**植株**：乔木，高达 30 米，胸径达 1 米；树皮淡灰色或灰色，裂成薄鳞状块片脱落；大枝平展，树冠尖塔形；侧枝细而下垂，一年生枝淡黄色或淡褐黄色，有毛或无毛，二年生、三年生枝褐黄色或褐色，渐变成灰色；冬芽常为卵圆形及卵状圆锥形，稀顶芽圆锥形，侧芽卵圆形，芽鳞排列紧密，褐色，先端钝，小枝基部宿存芽鳞紧贴小枝，不向外开展。

**叶**：小枝上面之叶覆瓦状向前伸展，两侧及下面之叶排成 2 列；条形，扁平，微弯或直，长 1 ~ 2.2 厘米，宽 1 ~ 1.5 毫米，先端尖或微尖，上面有 2 条白粉气孔带，每带有气孔线 5 ~ 7 条，下面光绿色，无气孔线。

**果实和种子**：球果矩圆状圆柱形或圆柱形，成熟前红褐色、紫褐色或深褐色，长 6 ~ 12 厘米，宽 2.5 ~ 3.8 厘米；中部种鳞倒卵形或斜方状倒卵形，长 1.4 ~ 2.2 厘米，宽 1.1 ~ 1.3 厘米，上部圆排列紧密，或上部三角形则排列较疏松；种子连翅长约 1.2 厘米。

**花果期**：花期 4 ~ 5 月，球果 9 ~ 10 月成熟。

# 丽江云杉

**松科** Pinaceae | **云杉属** *Picea*

*Picea likiangensis*

**植株**：乔木，高达 50 米，胸径达 2.6 米；树皮深灰色或暗褐灰色，深裂成不规则的厚块片；枝条平展，树冠塔形，小枝常有疏生短柔毛，稀几无毛，一年生枝淡黄色或淡褐黄色，二年生、三年生枝灰色或微带黄色；冬芽圆锥形；卵状圆锥形、卵状球形或圆球形，有树脂，芽鳞褐色，排列紧密，小枝基部宿存芽鳞的先端不反卷，或微开展。

**叶**：小枝上面之叶近直上伸展或向前伸展，小枝下面及两侧之叶向两侧弯伸，叶棱状条形或扁四棱形，直或微弯，长 0.6 ~ 1.5 厘米，宽 1 ~ 1.5 毫米，先端尖或钝尖；横切面菱形或微扁，上面每边有白色气孔线 4 ~ 7 条，下面每边有 1 ~ 12 条气孔线，稀无气孔线或有 3 ~ 4 条极不完整的气孔线（每条仅有极少的气孔点）。

**果实和种子**：球果卵状矩圆形或圆柱形，成熟前种鳞红褐色或黑紫色，熟时褐色、淡红褐色、紫褐色或黑紫色，长 7 ~ 12 厘米，径 3.5 ~ 5 厘米；中部种鳞斜方状卵形或菱状卵形，长 1.5 ~ 2.6 厘米，宽 1 ~ 1.7 厘米，中部或中下部宽，中上部渐窄或微渐窄，上部呈三角形或钝三角形，边缘有细缺齿，稀呈微波状，基部楔形；种子灰褐色，近卵圆形，连同种翅长 0.7 ~ 1.4 厘米，种翅倒卵状椭圆形，淡褐色，有光泽，常具疏生的紫色小斑点。

**花果期**：花期 4 ~ 5 月，球果 9 ~ 10 月成熟。

## 华山松

*Pinus armandi*

松科 Pinaceae | 松属 *Pinus*

**植株**：乔木，高达35米，胸径1米；幼树树皮灰绿色或淡灰色，平滑，老则呈灰色，裂成方形或长方形厚块片固着于树干上，或脱落；枝条平展，形成圆锥形或柱状塔形树冠；一年生枝绿色或灰绿色（干后褐色），无毛，微被白粉；冬芽近圆柱形，褐色，微具树脂，芽鳞排列疏松。

**叶**：针叶5针一束，稀6～7针一束，长8～15厘米，径1～1.5毫米，边缘具细锯齿，仅腹面两侧各具4～8条白色气孔线；横切面三角形，单层皮下层细胞，树脂道通常3个，中生或背面2个边生、腹面1个中生，稀具4～7个树脂道，则中生与边生兼有；叶鞘早落。

**花**：雄球花黄色，卵状圆柱形，长约1.4厘米，基部围有近10枚卵状匙形的鳞片，多数集生于新枝下部呈穗状，排列较疏松。

**果实和种子**：球果圆锥状长卵圆形，长10～20厘米，径5～8厘米，幼时绿色，成熟时黄色或褐黄色，种鳞张开，种子脱落，果梗长2～3厘米；中部种鳞近斜方状倒卵形，长3～4厘米，宽2.5～3厘米，鳞盾近斜方形或宽三角状斜方形，不具纵脊，先端钝圆或微尖，不反曲或微反曲，鳞脐不明显；种子黄褐色、暗褐色或黑色，倒卵圆形，长1～1.5厘米，径6～10毫米，无翅或两侧及顶端具棱脊，稀具极短的木质翅。

**花果期**：花期4～5月，球果翌年9～10月成熟。

# 高山松

**松科** Pinaceae | **松属** *Pinus*

*Pinus densata*

**植株**：乔木，高达 30 米，胸径达 1.3 米；树干下部树皮暗灰褐色，深裂成厚块片，上部树皮红色，裂成薄片脱落；一年生枝粗壮，黄褐色，有光泽，无毛，二年生、三年生枝皮逐渐脱落，内皮红色；冬芽卵状圆锥形或圆柱形，先端尖，微被树脂，芽鳞栗褐色，披针形，先端彼此散开，边缘白色丝状。

**叶**：针叶 2 针一束，稀 3 针一束或 2 针 3 针并存，粗硬，长 6 ~ 15 厘米，径 1.2 ~ 1.5 毫米，微扭曲，两面有气孔线，边缘锯齿锐利；横切面半圆形或扇状三角形，二型皮下层，第 1 层细胞连续，第 2 层不连续排列，稀有第 3 层细胞，树脂道 3 ~ 7（~ 10）个，边生，稀角部的树脂道中生；叶鞘初呈淡褐色，老则暗灰褐色或黑褐色。

**果实和种子**：球果卵圆形，长 5 ~ 6 厘米，径约 4 厘米，有短梗，熟时栗褐色，常向下弯垂；中部种鳞卵状矩圆形，长约 2.5 厘米，宽 1.3 厘米，鳞盾肥厚隆起，微反曲或不反曲，横脊显著，由鳞脐四周辐射状的纵横纹亦较明显，鳞脐突起，多有明显的刺状尖头；种子淡灰褐色，椭圆状卵圆形，微扁，长 4 ~ 6 毫米，宽 3 ~ 4 毫米，种翅淡紫色，长约 2 厘米。

**花果期**：花期 5 月，球果翌年 10 月成熟。

# 云南松

*Pinus yunnanensis*

松科 Pinaceae | 松属 *Pinus*

**植株**：乔木，高达30米，胸径1米；树皮褐灰色，深纵裂，裂片厚或裂成不规则的鳞状块片脱落；枝开展，稍下垂，一年生枝粗壮，淡红褐色，无毛，二年生、三年生枝上苞片状的鳞叶脱落露出红褐色内皮；冬芽圆锥状卵圆形，粗大，红褐色，无树脂，芽鳞披针形，先端渐尖，散开或部分反曲，边缘有白色丝状毛齿。

**叶**：针叶通常3针一束，稀2针一束，常在枝上宿存3年，长10～30厘米，径约1.2毫米，先端尖，背腹面均有气孔线，边缘有细锯齿；横切面扇状三角形或半圆形，二型皮下层细胞，第1层细胞连续排列，其下有散生细胞，树脂道约4～5个，中生与边生并存；叶鞘宿存。

**花**：雄球花圆柱状，长约1.5厘米，生于新枝下部的苞腋内，聚集成穗状。

**果实和种子**：球果成熟前绿色，熟时褐色或栗褐色，圆锥状卵圆形，长5～11厘米，有短梗，长约5毫米；中部种鳞矩圆状椭圆形，长约3厘米，宽约1.5厘米，鳞盾通常肥厚、隆起，稀反曲，有横脊，鳞脐微凹或微隆起，有短刺；种子褐色，近卵圆形或倒卵形，微扁，长4～5毫米，连翅长1.6～1.9厘米；子叶6～8枚，长2.8～3.8厘米，边缘具疏毛状细锯齿；初生叶窄条形，长2.5～5厘米，较柔软。

**花果期**：花期4～5月，球果第二年10月成熟。

# 澜沧黄杉

**松科** Pinaceae | **黄杉属** *Pseudotsuga*

*Pseudotsuga forrestii*

**植株**：乔木，高达 40 米，胸径 80 厘米；树皮暗褐灰色，粗糙，深纵裂；大枝近平展；一年生枝淡黄色或绿黄色（干时红褐色），通常主枝无毛或近无毛，侧枝多少有短毛，二年生、三年生枝淡褐色或淡褐灰色。

**叶**：叶条形，较长，排列成 2 列，直或微弯，长 2.5～5.5 厘米，宽 1.5～2 毫米，先端钝有凹缺，基部楔形、扭转，近无柄，上面光绿色，下面淡绿色，气孔带灰白色或灰绿色；横切面上面有 1 层疏散的皮下层细胞。

**果实和种子**：球果卵圆形或长卵圆形，长 5.8 厘米，径 4～5.5 厘米；中部种鳞近圆形或斜方状圆形，长 2.5～3.5 厘米，宽 3～4 厘米，上部圆或宽三角状圆形，基部近圆形或楔圆形，鳞背露出部分无毛；苞鳞露出部分反曲，中裂窄长而渐尖，长 6～12 毫米，侧裂三角状，长约 3 毫米，外缘常有细缺齿；种子三角状卵圆形，稍扁，长约 7 毫米，上面无毛，下面有不规则的细小斑纹，种翅长约种子的 2 倍，中部宽，先端钝圆，种子连翅长约种鳞的一半或稍长。

**花果期**：花期 4 月，球果 10 月成熟。

## 云南铁杉

*Tsuga dumosa*

**松科** Pinaceae | **铁杉属** *Tsuga*

**植株**：乔木，高达 40 米，胸径达 2.7 米；树皮厚，粗糙，褐灰色或暗灰褐色，纵裂成片状脱落；大枝开展或微下垂，枝稍下垂，树冠浓密、尖塔形；一年生枝黄褐色、淡红褐色或淡褐色，凹槽中有毛或密被短毛，二年生、三年生枝淡褐色、淡灰褐色或深灰色。

**叶**：叶条形，稀上部渐窄呈披针状条形，列成 2 列，长 1 ~ 2.4 厘米，稀达 3.5 厘米，宽 1.5 ~ 3 毫米，先端钝尖或钝，无凹缺，稀微凹，边缘有细锯齿或全缘，细齿通常位于叶缘中上部，稀达中下部，上面光绿色，下面有 2 条白色气孔带，横切面上、下面中部及两端有 1 层皮下层细胞。

**果实和种子**：球果卵圆形或长卵圆形，长 1.5 ~ 3 厘米，径 1 ~ 2 厘米，熟时淡褐色；中部种鳞矩圆形、倒卵状矩圆形或长卵形，长 1 ~ 1.4 厘米，宽 0.7 ~ 1.2 厘米，上部边缘薄、微反曲，基部两侧耳状；苞鳞斜方形或近楔形，上部边缘有细缺齿，先端 2 裂；种子卵圆形或长卵圆形，下表面有油点，连翅长 8 ~ 12 毫米。

**花果期**：花期 4 ~ 5 月，球果 10 ~ 11 月成熟。

# 厚　朴

**木兰科** Magnoliaceae | **厚朴属** *Houpoea*

*Houpoea officinalis*

**植株**：落叶乔木，高达20米；树皮厚，褐色，不开裂；小枝粗壮，淡黄色或灰黄色，幼时有绢毛；顶芽大，狭卵状圆锥形，无毛。

**叶**：叶大，近革质，7～9片聚生于枝端，长圆状倒卵形，长22～45厘米，宽10～24厘米，先端具短急尖或圆钝，基部楔形，全缘而微波状，上面绿色，无毛，下面灰绿色，被灰色柔毛，有白粉；叶柄粗壮，长2.5～4厘米，托叶痕长为叶柄的2/3。

**花**：花白色，径10～15厘米，芳香；花梗粗短，被长柔毛，离花被片下1厘米处具苞片脱落痕；花被片9～12（～17）片，厚肉质，外轮3片淡绿色，长圆状倒卵形，长8～10厘米，宽4～5厘米，盛开时常向外反卷，内2轮白色，倒卵状匙形，长8～8.5厘米，宽3～4.5厘米，基部具爪，最内轮7～8.5厘米，花盛开时中内轮直立；雄蕊约72枚，长2～3厘米，花药长1.2～1.5厘米，内向开裂，花丝长4～12毫米，红色；雌蕊群椭圆状卵圆形，长2.5～3厘米。

**果实和种子**：聚合果长圆状卵圆形，长9～15厘米；蓇葖具长3～4毫米的喙；种子三角状倒卵形，长约1厘米。

**花果期**：花期5～6月，果期8～10月。

# 云南含笑

*Michelia yunnanensis*

木兰科 Magnoliaceae | 含笑属 *Michelia*

**植株**：灌木，枝叶茂密，高可达4米；芽、嫩枝、嫩叶上面及叶柄、花梗密被深红色平伏毛。

**叶**：叶革质，倒卵形、狭倒卵形、狭倒卵状椭圆形，长4~10厘米，宽1.5~3.5厘米，先端圆钝或短急尖，基部楔形，上面深绿色，有光泽，下面常残留平伏毛；侧脉每边7~9条，干时网脉两面凸起；叶柄长4~5毫米，托叶痕为叶柄长的2/3或达顶端；花梗粗短，长3~7毫米，有1苞片脱落痕。

**花**：花白色，极芳香，花被片6~12（~17）片，倒卵形，倒卵状椭圆形，长3~3.5厘米，宽1~1.5厘米，内轮的狭小；雄蕊长0.5~1厘米，花药长5~7毫米，侧向开裂，花丝白色，长3毫米，药隔伸出成1~3毫米的短尖头；雌蕊群及雌蕊群柄均被红褐色平伏细毛，雌蕊群卵圆形或长圆状卵圆形，长10~13毫米；心皮8~20毫米，卵圆形，长3~4毫米；花柱长约1毫米，具纵沟；胚珠5~6枚。

**果实和种子**：聚合果通常仅5~9个蓇葖发育，蓇葖扁球形，宽5~8毫米，顶端具短尖，残留有毛；种子1~2粒。

**花果期**：花期3~4月，果期8~9月。

# 西康天女花

**木兰科** Magnoliaceae | **天女花属** *Oyama*

*Oyama wilsonii*

**植株**：落叶灌木或小乔木，高很少达 8 米；树皮灰褐色，具明显的皮孔；当年生枝紫红色初被褐色长柔毛，老枝灰色。

**叶**：叶纸质，椭圆状卵形，或长圆状卵形，长 6.5～12（～20）厘米，宽 3～5（～8）厘米，先端急尖或渐尖，基部圆或有时稍心形，上面沿中脉及侧脉初被灰黄色柔毛，下面密被银灰色平伏长柔毛，中脉及侧脉的毛常呈褐色；叶柄长（0.5～）1～3（～5）厘米，密披褐色长柔毛，托叶痕为叶柄长的 4/5～5/6。

**花**：花与叶同时开放，白色，芳香，初杯状，盛开呈碟状，直径 10～12 厘米；花梗下垂，长 1.5～5 厘米，被褐色长毛；花被片 9（～12）枚，外轮 3 片与内 2 轮近等大，宽匙形或倒卵形，长 4～6.5（～7.5）厘米，宽 3～4.5（～5.5）厘米，顶端圆，基部具短爪；雄蕊长 8～12 毫米，紫红色，2 药室分离，长 8～9 毫米，药隔顶圆或微凹；花丝短，长 1.5～2 毫米，红色；雌蕊群绿色，卵状圆柱形，长 1.5～2 厘米；雌蕊长约 1 厘米。

**果实和种子**：聚合果下垂，圆柱形，长 6～10 厘米，直径 2～3 厘米，熟时红色，后转紫褐色，蓇葖具喙；种子倒卵圆形，长约 6 毫米。

**花果期**：花期 5～6 月，果期 9～10 月。

## 滇藏玉兰

*Yulania campbellii*

**木兰科** Magnoliaceae | **玉兰属** *Yulania*

**植株**：落叶大乔木，高达30米；树皮灰褐色；嫩枝黄绿色，老枝红褐色，无毛。

**叶**：叶纸质，深绿色，椭圆形、长圆状卵形或宽倒卵形，长10～23（～33）厘米，宽4.5～10（～14）厘米，先端急尖或短渐尖，基部圆或阔楔形，通常不等侧，上面深绿色，无毛，下面灰绿色，被白色平伏柔毛；中脉及侧脉被平伏长绢毛，侧脉每边12～16条；叶柄长1～5厘米，被展开柔毛，基部具短小的托叶痕。

**花**：花大，稍芳香，径15～25（～35）厘米，先叶开放；花蕾卵圆形，长约2.5厘米，被淡黄色绢毛；花梗粗壮，长约2厘米，无毛或稍被柔毛；花被片12～16片，深红色或粉红色，或有时白色，倒卵状匙形或长圆状卵形，长6～14厘米，宽4～6厘米，基部渐狭成爪；外轮3片平展，或外反折向下垂，最内轮直立，靠合，宽卵形或近圆形，长8～10厘米，宽4～6厘米，围着雌雄蕊群；雄蕊长1～3厘米，花丝紫红色；雌蕊群长2～3厘米，绿色，柱头红色。

**果实和种子**：聚合果紫红色，转褐色，初直立，后下垂，圆柱形，长11～20厘米，直径2.5～3厘米；蓇葖紧贴，质薄，沿背缝线开裂成两瓣；果梗粗壮，直径1～1.5厘米，无毛；种子心形，侧扁，高1～1.2厘米，宽0.8～1厘米；去种皮的种子白色，腹面稍凹，顶端孔大，不凹入，基部具锐尖。

**花果期**：花期3～5月，果期6～7月。

# 高山木姜子

樟科 Lauraceae | 木姜子属 *Litsea*

*Litsea chunii*

**植株**：落叶灌木，高达 5 米；树皮黑褐色；幼枝黄绿色，无毛，小枝黄褐色或暗褐色，无毛；顶芽卵圆形，鳞片无毛或仅先端有毛。

**叶**：叶互生，椭圆形、椭圆状披针形或椭圆状倒卵形，长 2 ~ 5 厘米，宽 1 ~ 2 厘米，先端急尖或钝圆，基部楔形或略圆，膜质，上面深绿色，幼时中脉具贴伏柔毛，老时无毛，下面淡绿色，除幼时在脉腋间有簇生的髯毛外，无毛或近于无毛；羽状脉，侧脉通常每边 5 ~ 8 条，纤细，中脉、侧脉在叶上面突起，在下面侧脉平滑；叶柄扁平，长 5 ~ 10 毫米，幼时上面被柔毛，下面无毛。

**花**：伞形花序单生；总梗长 4 ~ 6 毫米，无毛；每一花序有花 8 ~ 12 朵；花梗长 5 ~ 10 毫米，纤细，有淡黄色柔毛；花被裂片 6 枚，卵形、卵状长圆形或长圆形，先端钝或圆，外面基部有柔毛；能育雄蕊 9 枚，花丝无毛，第 3 轮基部腺体小，黄色，无柄。

**果实和种子**：果卵圆形，长 6 ~ 8 毫米；果梗长 5 ~ 10 毫米，顶端增粗，被柔毛。

**花果期**：花期 3 ~ 4 月，果期 7 ~ 8 月。

# 猫儿屎

*Decaisnea insignis*

**木通科** Lardizabalaceae | **猫儿屎属** *Decaisnea*

**植株：**直立灌木，高 5 米；茎有圆形或椭圆形的皮孔；枝粗而脆，易断，渐变黄色，有粗大的髓部；冬芽卵形，顶端尖，鳞片外面密布小疣突。

**叶：**羽状复叶长 50 ~ 80 厘米，有小叶 13 ~ 25 片；叶柄长 10 ~ 20 厘米；小叶膜质，卵形至卵状长圆形，长 6 ~ 14 厘米，宽 3 ~ 7 厘米，先端渐尖或尾状渐尖，基部圆或阔楔形，上面无毛，下面青白色，初时被粉末状短柔毛，渐变无毛。

**花：**总状花序腋生，或数个再复合为疏松、下垂顶生的圆锥花序，长 2.5 ~ 3（~4）厘米；花梗长 1 ~ 2 厘米；小苞片狭线形，长约 6 毫米；萼片卵状披针形至狭披针形，先端长渐尖，具脉纹，中脉部分略被皱波状尘状毛或无毛；雄花外轮萼片长约 3 厘米，内轮萼片长约 2.5 厘米；雄蕊长 8 ~ 10 毫米，花丝合生呈细长管状，长 3 ~ 4.5 毫米，花药离生，长约 3.5 毫米，药隔伸出于花药之上呈阔而扁平、长 2 ~ 2.5 毫米的角状附属体，退化心皮小，通常长约为花丝管之半或稍超过，极少与花丝管等长；雌花退化，雄蕊花丝短，合生呈盘状，长约 1.5 毫米，花药离生，药室长 1.8 ~ 2 毫米，顶具长 1 ~ 1.8 毫米的角状附属状；心皮 3 个，圆锥形，长 5 ~ 7 毫米，柱头稍大，马蹄形，偏斜。

**果实和种子：**果下垂，圆柱形，蓝色，长 5 ~ 10 厘米，直径约 2 厘米，顶端截平但腹缝先端延伸为圆锥形凸头，具小疣突，果皮表面有环状缢纹或无；种子倒卵形，黑色，扁平，长约 1 厘米。

**花果期：**花期 4 ~ 6 月，果期 7 ~ 8 月。

## 美丽小檗

*Berberis amoena*

**小檗科** Berberidaceae | **小檗属** *Berberis*

**植株**：落叶灌木，高0.5~1米；老枝灰黑色，散生黑色疣点，幼枝暗红色，具条棱；茎刺单生或三分叉，长4~12毫米，与枝同色，腹面具槽。

**叶**：叶革质，狭倒卵状椭圆形或狭椭圆形，长10~16毫米，宽3~4毫米，先端钝，具小短尖，基部楔形，上面暗绿色；中脉显著，背面被白粉，明显隆起，具乳突，侧脉2~3对；叶缘稍增厚，全缘或偶有1~2刺齿；近无柄。

**花**：伞形状总状花序，由4~8朵花组成，长3~5厘米，包括总梗长1~2厘米；花梗长4~7毫米，无毛；花黄色；小苞片披针形，长1.5~2毫米；萼片2轮，外萼片倒卵形至长圆状椭圆形，长2~2.5毫米，宽1~2毫米，内萼片椭圆形，长4~4.5毫米，宽3~3.5毫米；花瓣倒卵形，长3.5~4毫米，宽约2.5毫米，先端浅缺裂，裂片圆形，基部楔形，具2枚分离腺体；雄蕊长约2.5毫米，药隔延伸，先端突尖；胚珠1~2枚。

**果实和种子**：浆果长圆形，红色，长约6毫米，直径约3毫米，顶端具宿存短花柱，不被白粉。

**花果期**：花期5~6月，果期7~8月。

## 刺红珠

*Berberis dictyophylla*

小檗科 Berberidaceae | 小檗属 *Berberis*

**植株**：落叶灌木，高1～2.5米；老枝黑灰色或黄褐色，幼枝近圆柱形，暗紫红色，常被白粉；茎刺三分叉，有时单生，长1～3厘米，淡黄色或灰色。

**叶**：叶厚纸质或近革质，狭倒卵形或长圆形，长1～2.5厘米，宽6～8毫米，先端圆形或钝尖，基部楔形，上面暗绿色，背面被白粉；中脉隆起，两面侧脉和网脉明显隆起；叶缘平展，全缘；近无柄。

**花**：花单生；花梗长3～10毫米，有时被白粉；花黄色；萼片2轮，外萼片条状长圆形，长约6.5毫米，宽约2.5毫米，内萼片长圆状椭圆形，长8～9毫米，宽约4毫米；花瓣狭倒卵形，长约8毫米，宽3～6毫米，先端全缘，基部缢缩略呈爪，具2枚分离腺体；雄蕊长4.5～5毫米，药隔延伸，先端突尖；胚珠3～4枚。

**果实和种子**：浆果卵形或卵球形，长9～14毫米，直径6～8毫米，红色，被白粉，顶端具宿存花柱，有时宿存花柱弯曲。

**花果期**：花期5～6月，果期7～9月。

# 假小檗

小檗科 Berberidaceae | 小檗属 *Berberis*

*Berberis fallax*

**植株**：常绿灌木，高1～2.5米；老枝棕灰色，幼枝棕黄色，明显具槽棱，无疣点；茎刺细弱，三分叉，长6～20毫米；腹面具槽。

**叶**：叶薄革质，长圆状椭圆形至披针形，长2～6厘米，宽8～16毫米，先端钝尖，具1刺尖，基部楔形，上面暗绿色，有时有光泽；中脉微凹陷，背面淡黄色，中脉明显隆起，不被白粉，两面侧脉微隆起，网脉微显，叶缘平展，每边具7～15个刺齿；近无柄。

**花**：花3～7朵簇生；花梗长1～2厘米，无毛；花黄色；萼片2轮，外萼片卵形，长约4.5毫米，宽约3毫米，先端近急尖，内萼片阔椭圆形，长约6毫米，宽约4毫米；花瓣倒卵形，长约4毫米，宽约2.5毫米，先端微凹，基部缢缩呈爪，具2枚分离腺体；雄蕊长约2.5毫米，药隔延伸，先端凹缺；胚珠4～5枚；近无柄。

**果实和种子**：浆果椭圆形，长约8毫米，直径约5毫米，顶端具极短宿存花柱，不被白粉。

**花果期**：花期2～3月，果期9～11月。

# 川滇小檗

*Berberis jamesiana*

**小檗科** Berberidaceae | **小檗属** *Berberis*

**植株**：落叶灌木，高 1 ~ 3 米；枝圆柱形，老枝暗灰色或紫黑色，幼枝紫色，无疣点；茎刺单生或三分叉，粗状，长 1.5 ~ 3.5 厘米；腹面具浅槽。

**叶**：叶近革质，椭圆形或长圆状倒卵形，长 2.5 ~ 8 厘米，宽 1 ~ 4 厘米，先端圆形或微凹，基部楔形，上面亮绿色；中脉微凹陷，背面灰绿色，中脉明显隆起，两面侧脉和网脉显著，无乳突；叶缘平展，全缘，或具疏细刺齿或具密细刺齿；叶柄长 1 ~ 3 毫米。

**花**：总状花序通常由 9 ~ 20 朵花组成，有时可达 40 朵，长 7 ~ 10 厘米，花序下部花常轮列，光滑无毛；总梗长 0.5 ~ 3 厘米；花梗细弱，长 7 ~ 10 毫米，无毛；花黄色；小苞片卵形，长 2 ~ 2.5 毫米，宽约 1.5 毫米，先端急尖；萼片 2 轮，外萼片长圆状倒卵形，长约 3 毫米，宽约 2 毫米，内萼片狭倒卵形，长约 4.5 毫米，宽约 2.5 毫米；花瓣倒卵形或狭长圆状椭圆形，长约 4.5 毫米，宽约 2 毫米，先端缺裂，裂片急尖，基部缢缩呈爪，具 2 枚分离腺体；雄蕊长约 3 毫米，药隔延伸，先端微突尖；胚珠 2 枚。

**果实和种子**：浆果初时乳白色，后变为亮红色，近卵球形，长约 10 毫米，直径 7 ~ 8 毫米，顶端无宿存花柱，外果皮透明，不被白粉。

**花果期**：花期 4 ~ 5 月，果期 6 ~ 9 月。

# 乳突小檗

**小檗科** Berberidaceae | **小檗属** *Berberis*

*Berberis papillifera*

**植株**：落叶灌木，高1.5～2米；老枝棕灰色，被微柔毛，散生疣点，幼枝淡黄色，被柔毛；茎刺单生或三分叉，细弱，长5～12毫米，有时缺刺。

**叶**：叶纸质，狭长圆状倒卵形，长1～3厘米，宽3～8毫米，先端急尖或圆钝，基部渐狭，上面深绿色；中脉扁平，侧脉2～3对，背面灰白色，具乳突，不被白粉，中脉微隆起，两面网脉显著；叶缘平展，全缘；叶柄长2～4毫米。

**花**：伞形状总状花序，由3～9朵花组成，长1.5～3厘米，包括总梗长4～8毫米；花梗长6～12毫米，细弱，花黄色；小苞片披针形，黄色，先端渐尖，长约3毫米；萼片2轮，外萼片倒卵形，长约6毫米，宽约3毫米，内萼片与外萼片同形，长约6毫米，宽约4毫米；花瓣椭圆形，长约4.5毫米，宽约2.5毫米，先端急尖，锐裂，裂片急尖；雄蕊长2.5毫米，药隔先端平截；胚珠1～2枚；无柄。

**果实和种子**：浆果长圆状椭圆形，长8～8.5毫米，直径4.5～5.5毫米，红色，顶端具明显宿存花柱，微被白粉。

**花果期**：花期6～7月，果期10～11月。

## 粉叶小檗

*Berberis pruinosa*

**小檗科** Berberidaceae | **小檗属** *Berberis*

**植株**：常绿灌木，高 1 ~ 2 米；枝圆柱形，棕灰色或棕黄色，被黑色疣点；茎刺粗壮，三分叉，长 2 ~ 3.5 厘米，腹面具槽或扁平，与枝同色。

**叶**：叶硬革质，椭圆形，倒卵形，少有椭圆状披针形，长 2 ~ 6 厘米，宽 1 ~ 2.5 厘米，先端钝尖或短渐尖，基部楔形，上面亮黄绿色或灰绿色；中脉扁平，侧脉微隆起，背面被白粉或无白粉，中脉明显隆起，侧脉微显，两面网脉不显；叶缘微向背面反卷或平展，通常具 1 ~ 6 刺锯齿或刺齿，偶有全缘或多达 8 ~ 9 刺齿；近无柄。

**花**：花（8 ~ ）10 ~ 20 朵簇生；花梗长 10 ~ 20 毫米，纤细；小苞片披针形，长约 2 毫米，先端渐尖；萼片 2 轮，外萼片长圆状椭圆形，长约 4 毫米，宽约 2 毫米，先端钝圆，内萼片倒卵形，长约 6.5 毫米，宽约 5 毫米，先端圆形；花瓣倒卵形，长约 7 毫米，宽 4 ~ 5 毫米，先端深缺裂，基部缢缩呈爪，具 2 枚分离腺体；雄蕊长约 6 毫米，药隔先端近平截；胚珠 2 ~ 3 枚。

**果实和种子**：浆果椭圆形或近球形，长 6 ~ 7 毫米，直径 4 ~ 5 毫米，顶端通常无宿存花柱，有时具短宿存花柱，密被或微被白粉；含种子 2 枚。

**花果期**：花期 3 ~ 4 月，果期 6 ~ 8 月。

# 卷叶小檗

小檗科 Berberidaceae丨 小檗属 *Berberis*

*Berberis replicata*

**植株**：常绿灌木，高达 1.5 米；枝细弱，圆柱形，具明显疣点；茎刺三分叉，长 1 ~ 2 厘米，淡黄色，具槽。

**叶**：叶长圆状椭圆形或长圆状披针形，长 1.5 ~ 3.5 （ ~ 4.5） 厘米，宽 3 ~ 5 （ ~ 8） 毫米，先端急尖，具 1 刺尖头，基部渐狭，上面亮暗绿色；背面中脉明显隆起，被白粉，两面侧脉和网脉不显；叶缘向背反卷，全缘或具 1 ~ 3 刺齿；叶柄长 1 ~ 2 毫米。

**花**：花 3 ~ 7 朵簇生，有时花朵数较多；花梗长 5 ~ 13 毫米，带红色；花黄色；小苞片通常 2 枚，长约 2 毫米；萼片 2 轮，外萼片卵形或近圆形，带红色，长约 3.5 ~ 4 毫米，宽约 3 毫米，内萼片近圆形，长 6 ~ 7 毫米，宽 5 ~ 6 毫米；花瓣倒卵形，长 5 ~ 5.2 毫米，宽 3.5 ~ 4 毫米，先端全缘，基部缢缩呈爪，具 2 枚分离腺体；雄蕊长约 3 毫米，药隔先端平截或钝；胚珠 2 枚，无柄。

**果实和种子**：浆果长圆形，长 6 ~ 8 毫米，直径 3 ~ 5 毫米，紫黑色，不被白粉，具短宿存花柱。

**花果期**：花果期 4 ~ 6 月。

# 长柱十大功劳

*Mahonia duclouxiana*

小檗科 Berberidaceae | 十大功劳属 *Mahonia*

**植株**：灌木，高1.5～4米。

**叶**：叶长圆形至长圆状椭圆形，长20～70厘米，宽10～22厘米，薄纸质至薄革质，具4～9对无柄小叶，最下一对小叶距叶柄基部约1厘米，上面暗绿色，稍有光泽，网脉扁平，显著，背面黄绿色，叶脉明显隆起，网脉不显，叶轴粗约3～5毫米，节间长2.5～11厘米，从基部向顶端渐次增长；小叶无柄，狭卵形、长圆状卵形至狭长圆状卵形或椭圆状披针形，从基部向顶端叶长渐增，但叶宽渐减；最下一对小叶长1.5～3厘米，宽1.2～2厘米，其余小叶长4.5～16厘米，宽1.5～5厘米，基部圆形，偏斜，每边具2～12刺锯齿，先端渐尖或急尖；有时顶生小叶较大，长达18厘米，宽4厘米，具小叶柄，长1～3厘米。

**花**：总状花序4～15个簇生（有时总状花序具有短分枝），长8～30厘米；芽鳞阔披针形至卵形，长2～3.5厘米，宽5～8毫米；花梗长3.2～6毫米；苞片阔披针形至卵形，长3～6毫米，宽1.5～2.5毫米；花黄色；外萼片卵形至三角状卵形，长1.1～3毫米，宽1.1～5毫米，中萼片卵形、卵状长圆形至椭圆形，长2.2～5毫米，宽1.9～2.5毫米，内萼片长圆形至椭圆形，长3.2～8毫米，宽2～3.6毫米；花瓣长圆形至椭圆形，长3～7.2毫米，宽1.6～3.5毫米，基部具2枚腺体，先端微缺裂，裂片钝圆；雄蕊长3.5～5.5毫米，药隔显著延伸，顶端截形或圆形；子房直径5～6毫米，花柱长2～3毫米，胚珠4～7枚。

**果实和种子**：浆果球形或近球形，直径5～8毫米，深紫色，被白粉，宿存花柱长2～3毫米。

**花果期**：花期11月至翌年4月，果期3～6月。

# 泡花树

**清风藤科** Sabiaceae | **泡花树属** *Meliosma*

*Meliosma cuneifolia*

**植株**：落叶灌木或乔木，高可达 9 米，树皮黑褐色；小枝暗黑色，无毛。

**叶**：叶为单叶，纸质，倒卵状楔形或狭倒卵状楔形，长 8 ~ 12 厘米，宽 2.5 ~ 4 厘米，先端短渐尖，中部以下渐狭，约 3/4 以上具侧脉伸出的锐尖齿，叶面初被短粗毛，叶背被白色平伏毛；侧脉每边 16 ~ 20 条，径直达齿尖，脉腋具明显髯毛；叶柄长 1 ~ 2 厘米。

**花**：圆锥花序顶生，直立，长和宽 15 ~ 20 厘米，被短柔毛，具 3（ ~ 4）次分枝；花梗长1 ~ 2毫米；萼片 5 枚，宽卵形，长约 1 毫米，外面 2 片较狭小，具缘毛；外面 3 片花瓣近圆形，宽 2.2 ~ 2.5 毫米，有缘毛，内面 2 片花瓣长 1 ~ 1.2 毫米，2 裂达中部，裂片狭卵形，锐尖，外边缘具缘毛；雄蕊长 1.5 ~ 1.8 毫米；花盘具 5 细尖齿；雌蕊长约 1.2 毫米，子房高约 0.8 毫米。

**果实和种子**：核果扁球形，直径 6 ~ 7 毫米，核三角状卵形，顶基扁，腹部近三角形，具不规则的纵条凸起或近平滑，中肋在腹孔一边显著隆起延至另一边，腹孔稍下陷。

**花果期**：花期 6 ~ 7 月，果期 9 ~ 11 月。

## 水青树

*Tetracentron sinense*

**昆栏树科** Trochodendraceae | **水青树属** *Tetracentron*

**植株**：落叶乔木，高可达30米，胸径达1.5米，全株无毛；树皮灰褐色或灰棕色而略带红色，片状脱落；长枝顶生，细长，幼时暗红褐色，短枝侧生，距状，基部有叠生环状的叶痕及芽鳞痕。

**叶**：叶片卵状心形，长7～15厘米，宽4～11厘米，顶端渐尖，基部心形，边缘具细锯齿，齿端具腺点，两面无毛，背面略被白霜，掌状脉5～7个，近缘边形成不明显的网络；叶柄长2～3.5厘米。

**花**：花小，呈穗状花序，花序下垂，着生于短枝顶端，多花；花直径1～2毫米，花被淡绿色或黄绿色；雄蕊与花被片对生，长为花被片的2.5倍，花药卵珠形，纵裂；心皮沿腹缝线合生。

**果实和种子**：果长圆形，长3～5毫米，棕色，沿背缝线开裂；种子4～6枚，条形，长2～3毫米。

**花果期**：花期6～7月，果期9～10月。

# 皱叶黄杨

*Buxus rugulosa*

黄杨科 Buxaceae | 黄杨属 *Buxus*

**植株**：灌木，高1～2米；枝近圆柱形；小枝四棱形，直径1～2毫米，四面均被短柔毛，或外方相对两侧面无毛。

**叶**：叶革质，菱状长圆形、长圆形或狭长圆形，稀椭圆形，长1.5～2.5（～3.5）厘米，宽6～12毫米，先端钝或圆或具浅凹口，基部急尖或楔形，边缘下曲，叶面光亮，中脉凸出，干时无侧脉，仅见皱纹，稀有明显侧脉，背面平坦，无光泽，或稍有皱纹，叶面中脉被微细毛；叶柄长2～3毫米，密被短柔毛。

**花**：花序腋生兼顶生，头状，花序轴长3～4毫米；苞片卵形，长2.5～3毫米，两者均被毛；雄花8～10朵，花梗长0.5～1毫米，外萼片卵形，内萼片近圆形，长2～3毫米，无毛，干时有红棕色纹或淡黄色纹，不育雌蕊末端膨大，高约1毫米；雌花萼片阔卵形，长2.5～3毫米，背被短柔毛，子房长约3毫米，花柱粗壮，长约1.5毫米，柱头倒心形，下延达花柱中部。

**果实和种子**：蒴果卵球形，长8～10毫米，无毛，宿存花柱斜出，长2～3毫米。

**花果期**：花期3～5月，果期6～9月。

## 双蕊野扇花

*Sarcococca hookeriana* var. *digyna*

**黄杨科** Buxaceae | **野扇花属** *Sarcococca*

**植株**：灌木，有根茎；小枝具纵棱，被短柔毛。

**叶**：叶互生，或在枝梢的对生或近对生，长圆状披针形、椭圆状披针形、披针形、狭披针形或倒披针形，稀椭圆形或椭圆状长圆形，较长大的，长 7～11 厘米，宽 2～3 厘米，狭窄的，长 3～7 厘米，宽 0.7～1 厘米，较短小的，长 3～3.5 厘米，宽 1～1.8 厘米，变化甚大，先端渐尖或急尖，基部渐狭，叶面中脉常平坦或凹陷，中脉被微细毛。

**花**：雄花：无花梗或有短梗，无小苞片，或下部雄花具类似萼片的 2 枚小苞片，并有花梗，萼片通常 4 枚，长 3～3.5（～4）毫米，或外萼片较短；雌花连柄长 6～10 毫米，小苞片疏生，萼片长约 2 毫米。

**果实和种子**：果实球形，宿存花柱 3 枚，直立，先端外曲。

**花果期**：花期 10 月至翌年 2 月，果期 11 月至翌年 3 月。

# 滇牡丹

芍药科 Paeoniaceae | 芍药属 *Paeonia*

*Paeonia delavayi*

**植株**：亚灌木，全体无毛，茎高 1.5 米；当年生小枝草质，小枝基部具数枚鳞片。

**叶**：叶为 2 回 3 出复叶；叶片轮廓为宽卵形或卵形，长 15 ~ 20 厘米，羽状分裂，裂片披针形至长圆状披针形，宽 0.7 ~ 2 厘米；叶柄长 4 ~ 8.5 厘米。

**花**：花 2 ~ 5 朵，生枝顶和叶腋，直径 6 ~ 8 厘米；苞片 3 ~ 4（~ 6）枚，披针形，大小不等；萼片 3 ~ 4 枚，宽卵形，大小不等；花瓣 9（~ 12）片，红色、红紫色，倒卵形，长 3 ~ 4 厘米，宽 1.5 ~ 2.5 厘米；雄蕊长 0.8 ~ 1.2 厘米，花丝长 5 ~ 7 毫米，干时紫色；花盘肉质，包住心皮基部，顶端裂片三角形或钝圆；心皮 2 ~ 5 枚，无毛。

**果实和种子**：聚合蓇葖果，长约 3 ~ 3.5 厘米，直径 1.2 ~ 2 厘米。

**花果期**：花期 5 月，果期 7 ~ 8 月。

# 川赤芍

*Paeonia veitchii*

芍药科 Paeoniaceae | 芍药属 *Paeonia*

**植株**：多年生草本；根圆柱形，直径 1.5～2 厘米；茎高 30～80 厘米，少有 1 米以上，无毛。

**叶**：叶为 2 回 3 出复叶，叶片轮廓宽卵形，长 7.5～20 厘米；小叶呈羽状分裂，裂片窄披针形至披针形，宽 4～16 毫米，顶端渐尖，全缘，表面深绿色，沿叶脉疏生短柔毛，背面淡绿色，无毛；叶柄长 3～9 厘米。

**花**：花 2～4 朵，生茎顶端及叶腋，有时仅顶端一朵开放，而叶腋有发育不好的花芽，直径 4.2～10 厘米；苞片 2～3 枚，分裂或不裂，披针形，大小不等；萼片 4 枚，宽卵形，长 1.7 厘米，宽 1～1.4 厘米；花瓣 6～9 枚，倒卵形，长 3～4 厘米，宽 1.5～3 厘米，紫红色或粉红色；花丝长 5～10 毫米；花盘肉质，仅包裹心皮基部；心皮 2～3（～5）枚，密生黄色绒毛。

**果实和种子**：聚合蓇葖果，长 1～2 厘米，密生黄色绒毛。

**花果期**：花期 5～6 月，果期 7 月。

# 怒江蜡瓣花

**金缕梅科** Hamamelidaceae | **蜡瓣花属** *Corylopsis*

*Corylopsis glaucescens*

**植株**：落叶灌木或小乔木；嫩枝无毛，老枝有细小皮孔，干后灰褐色；芽体长卵形，长1～1.5厘米，外侧无毛。

**叶**：叶卵圆形或倒卵圆形，长5～12厘米，宽4～8厘米，先端急短尖，基部不等侧心形，上面绿色，脉上有稀疏长毛，下面灰白色，初时在脉上有长毛，以后变秃净；侧脉8～9对，在上面稍下陷，在下面突起，第1对侧脉有第二次分支侧脉6～9条，边缘有锯齿，齿尖突出；叶柄长1～2厘米，无毛；托叶早落。

**花**：总状花序生于具有1～2片叶子的新枝顶端，长4～5厘米，花序柄长1～2厘米，花序轴有绒毛；萼筒无毛，萼齿较萼筒为短，先端圆形；花瓣倒披针形，长4毫米，宽约1.7毫米；退化雄蕊2裂，先端钝；子房无毛，花柱长3毫米；果序长5～7厘米；蒴果长6～7毫米，宿存萼筒包着蒴果过半，无毛。

**果实和种子**：种子长卵形，长4～5毫米，黑色，有光泽，种脐白色。

**花果期**：花期4～5月，果期8～9月。

# 滇鼠刺

*Itea yunnanensis*

**鼠刺科** Iteaceae | **鼠刺属** *Itea*

**植株**：灌木或小乔木，高 1 ~ 10 米；幼枝黄绿色，具纵条纹；老枝深褐色，无毛。

**叶**：叶薄革质，卵形或椭圆形，长 5 ~ 10 厘米，宽 2.5 ~ 5 厘米，先端急尖或短渐尖，基部钝或圆形，边缘具稍内弯的刺状锯齿，上面深绿色，有光泽，下面淡绿色，两面均无毛；侧脉 4 ~ 5 对，弧状上弯，中脉在上面下陷，下面明显突起，网脉明显；叶柄长 5 ~ 15 毫米，上面具槽沟，无毛。

**花**：顶生总状花序，俯弯至下垂，长达 20 厘米；花序轴及花梗被短柔毛；苞片钻形，长约 1 毫米；花多数，常 3 枚簇生；花梗长 2 毫米，在花期平展，果期下垂；萼筒浅杯状；萼片三角状披针形，长 1 ~ 1.5 毫米，被微柔毛，稀近无毛；花瓣淡绿色，线状披针形，长约 2.5 毫米，花期直立，顶端稍内弯；雄蕊常短于花瓣；花丝长约 2 毫米，无毛；花药长圆形；子房半下位，无毛，心皮 2 枚，紧贴；花柱单生，有纵沟，柱头头状。

**果实和种子**：蒴果锥状，长 5 ~ 6 毫米，无毛。

**花果期**：花果期 5 ~ 12 月。

# 长刺茶藨子

**茶藨子科** Grossulariaceae | **茶藨子属** *Ribes*

*Ribes alpestre*

**植株：**落叶灌木，高1~3米；老枝灰黑色，无毛，皮呈条状或片状剥落，小枝灰黑色至灰棕色，幼时被细柔毛；在叶下部的节上着生3枚粗壮刺，刺长1~2厘米，节间常疏生细小针刺或腺毛；芽卵圆形，小，具数枚干膜质鳞片。

**叶：**叶宽卵圆形，长1.5~3厘米，宽2~4厘米，不育枝上的叶更宽大，基部近截形至心脏形，两面被细柔毛，沿叶脉毛较密，老时近无毛，3~5裂，裂片先端钝，顶生裂片稍长于侧生裂片或几等长，边缘具缺刻状粗钝锯齿或重锯齿；叶柄长2~3.5厘米，被细柔毛或疏生腺毛。

**花：**花两性，2~3朵组成短总状花序或花单生于叶腋；花序轴短，长5~7毫米，具腺毛；花梗长5~8毫米，无毛或具疏腺毛；苞片常成对着生于花梗的节上，宽卵圆形或卵状三角形，长2~3毫米，宽几与长相似；先端急尖或稍圆钝，边缘有稀疏腺毛，具3脉；花萼绿褐色或红褐色，外面具柔毛，常混生稀疏腺毛，稀近无毛；萼筒钟形，长5~6毫米，宽几与长相似；萼片长圆形或舌形，长5~7毫米，宽2~3毫米，先端圆钝，花期向外反折，果期常直立；花瓣椭圆形或长圆形，稀倒卵圆形，长2.5~3.5毫米，宽1.5~2毫米，先端钝或急尖，色较浅，带白色；花托内部无毛；雄蕊长约4~5毫米，伸出花瓣之上，花丝白色，花药卵圆形，先端常具1个杯状蜜腺；子房无柔毛，具腺毛；花柱棒状，长于雄蕊，无毛，约分裂至中部。

**果实和种子：**果实近球形或椭圆形，长12~15毫米，直径10~12毫米，紫红色，无柔毛，具腺毛，味酸。

**花果期：**花期4~6月，果期6~9月。

# 冰川茶藨子

*Ribes glaciale*

**茶藨子科** Grossulariaceae | **茶藨子属** *Ribes*

**植株**：落叶灌木，高2~3（~5）米；小枝深褐灰色或棕灰色，皮长条状剥落，嫩枝红褐色，无毛或微具短柔毛，无刺；芽长圆形，长4~7毫米，先端急尖，鳞片数枚，草质，褐红色，外面无毛。

**叶**：叶长卵圆形，稀近圆形，长3~5厘米，宽2~4厘米，基部圆形或近截形，上面无毛或疏生腺毛，下面无毛或沿叶脉微具短柔毛，掌状，3~5裂，顶生裂片三角状长卵圆形，先端长渐尖，比侧生裂片长2~3倍，侧生裂片卵圆形，先端急尖，边缘具粗大单锯齿，有时混生少数重锯齿；叶柄长1~2厘米，浅红色，无毛，稀疏生腺毛。

**花**：花单性，雌雄异株，组成直立总状花序；雄花序长2~5厘米，具花10~30朵；雌花序短，长1~3厘米，具花4~10朵；花序轴和花梗具短柔毛和短腺毛；花梗长2~4毫米；苞片卵状披针形或长圆状披针形，长3~5毫米，宽1~1.5毫米，先端急尖或微钝，边缘有短腺毛，具单脉；花萼近辐状，褐红色，外面无毛；萼筒浅杯形，长1~2毫米，宽大于长；萼片卵圆形或舌形，长1~2.5毫米，宽0.7~1.3毫米，先端圆钝或微尖，直立；花瓣近扇形或楔状匙形，短于萼片，先端圆钝；雄蕊稍长于花瓣或几与花瓣近等长，花丝红色，花药圆形，紫红色或紫褐色；雌花的雄蕊退化，长约0.4毫米，花药无花粉；子房倒卵状长圆形，无柔毛，稀微具腺毛，雄花中子房退化；花柱先端2裂。

**果实和种子**：果实近球形或倒卵状球形，直径5~7毫米，红色，无毛。

**花果期**：花期4~6月，果期7~9月。

# 曲萼茶藨子

*Ribes griffithii*

**茶藨子科** Grossulariaceae | **茶藨子属** *Ribes*

**植株**：落叶直立灌木，高2~3米；枝粗壮，小枝灰褐色，皮不裂或稍剥裂，嫩枝棕色或棕褐色，无毛，无刺；芽卵圆形，长5~7毫米，宽3~4毫米，先端急尖，具数枚褐色鳞片，外面被短柔毛。

**叶**：叶近圆形，长5~7（~9）厘米，宽6~10厘米，基部心脏形，上面暗绿色，无柔毛或具稀疏贴生短腺毛，下面浅绿色，幼时沿叶脉具短柔毛和稀疏短腺毛，老时几无毛，常掌状，5裂，稀3深裂，裂片卵状三角形，先端渐尖，顶生裂片稍长于侧生裂片，边缘具粗锐或缺刻状重锯齿；叶柄长6~8厘米，无毛或微具短柔毛，有时近基部有少数长腺毛。

**花**：花两性，开花时直径5~6毫米；总状花序长7~15厘米，下垂，具花10~20朵，花朵排列疏松；花序轴和花梗具短柔毛；花梗长1~2毫米，有时近无梗；苞片形状变异大，卵圆形或舌形至披针形，微具齿，长5~7毫米，先端急尖至短渐尖，具短柔毛，小苞片发达，卵圆形或披针形，长2~3毫米；花萼浅黄绿色而具紫红色晕或红色，外面无毛；萼筒钟形，长1.5~2.5毫米，宽2.5~4毫米；萼片倒椭圆形、舌形或长圆形，长2~3毫米，宽1~2毫米，先端圆钝，边缘无睫毛，反折；花瓣直立，近匙形或近扇形，长1~2毫米，宽0.7~1.5毫米，先端圆钝，下面无突出体；雄蕊几与花瓣近等长或稍长，着生在与花瓣同一水平上，花丝丝状，花药卵圆形或长卵圆形，先端急尖，具蜜腺；子房近圆形，无毛；花柱稍长于雄蕊或近等长，先端2浅裂或几不裂。

**果实和种子**：果实卵球形，直径8~12毫米，红色，无毛，味酸。

**花果期**：花期5~6月，果期7~8月。

# 康边茶藨子

*Ribes kialanum*

**茶藨子科** Grossulariaceae | **茶藨子属** *Ribes*

**植株**：落叶灌木，高1.5～3米；小枝粗壮，褐色或灰褐色，皮呈纵向长条状剥落，嫩枝红褐色或红棕色，具短柔毛和腺毛，无刺；芽卵圆形或长卵圆形，长4～7毫米，先端急尖，具数枚棕褐色鳞片，外面被短柔毛。

**叶**：叶近圆形或宽卵圆形，长2～5厘米，宽几与长相等，基部近截形至浅心脏形，上面深绿色，下面色较浅，两面均被短柔毛和腺毛，掌状，3～5浅裂，稀几不分裂，顶生裂片三角状宽卵圆形，先端急尖或圆钝，几与侧生裂片等长，稀稍长，侧生裂片宽卵圆形，先端圆钝，偶尔微尖，边缘具不整齐的圆钝锯齿或重锯齿；叶柄长1～3.5厘米，具短柔毛和腺毛。

**花**：花单性，雌雄异株，形成直立总状花序；雄花序长3.5～7厘米，花朵密集；雌花序稍短；花序轴和花梗具短柔毛和腺毛；花梗长2～4毫米；苞片披针形或长圆形，长4～8毫米，宽1～2毫米，先端急尖，被短柔毛和腺毛，具单脉；花萼绿色或绿色带红褐色，外面被短柔毛，常混生腺毛；萼筒杯形或半球形，长2～3毫米，宽3～4毫米；萼片卵圆形或舌形，长2～3.5毫米，宽1.5～2.5毫米，先端圆钝，具不显著5脉，反折或开展；花瓣小，近扇形或楔状匙形，绿色带红紫色；雄蕊稍长于花瓣，花丝绿色，花药近圆形，黄白色；雌花的雄蕊短小，花药无花粉；子房具腺毛，雄花的子房败育；花柱先端2浅裂。

**果实和种子**：果实近球形或椭圆形，直径5～8毫米，红色或红褐色，具短腺毛。

**花果期**：花期4～5月，果期7～9月。

# 细枝茶藨子

**茶藨子科** Grossulariaceae | **茶藨子属** *Ribes*

*Ribes tenue*

**植株**：落叶灌木，高1～4米；枝细瘦，小枝灰褐色或灰棕色，皮长条状或薄片状撕裂，幼枝暗紫褐色或暗红褐色，无柔毛，常具腺毛，无刺；芽卵圆形或长卵圆形，长4～6毫米，先端急尖，具数枚紫褐色鳞片。

**叶**：叶长卵圆形，稀近圆形，长2～5.5厘米，宽2～5厘米，基部截形至心脏形，上面无毛或幼时具短柔毛和紧贴短腺毛，成长时逐渐脱落。下面幼时具短柔毛，老时近无毛，掌状3～5裂，顶生裂片菱状卵圆形，先端渐尖至尾尖，比侧生裂片长1～2倍，侧生裂片卵圆形或菱状卵圆形，先端急尖至短渐尖，边缘具深裂或缺刻状重锯齿，或混生少数粗锐单锯齿；叶柄长1～3厘米，无柔毛或具稀疏腺毛。

**花**：花单性，雌雄异株，组成直立总状花序；雄花序长3～5厘米，生于侧生小枝顶端，具花10～20朵；雌花序较短，长约1～3厘米，具花5～15朵；花序轴和花梗具短柔毛和疏腺毛；花梗长2～6毫米；苞片披针形或长圆状披针形，长4～7毫米，宽1～2.5毫米，先端急尖，褐色，边缘常具短腺毛，老时脱落，具单脉；花萼近辐状，红褐色，外面无毛；萼筒碟形，长1～1.5毫米，宽大于长；萼片舌形或卵圆形，长2～3.5毫米，先端钝，直立；花瓣楔状匙形或近倒卵圆形，长约1毫米或稍长，先端圆钝，暗红色；雄蕊短，几与花瓣等长或稍短，花丝约与花药等长，花药近圆形，白色带粉红色，雌花的花药不发育；子房光滑无毛；花柱先端2裂；雄花花柱退化，呈短棒状，子房败育。

**果实和种子**：果实球形，直径4～7毫米，暗红色，无毛。

**花果期**：花期5～6月，果期8～9月。

# 山 槐

*Albizia kalkora*

**豆科** Fabaceae | **合欢属** *Albizia*

**植株**：落叶小乔木或灌木，通常高 3 ~ 8 米；枝条暗褐色，被短柔毛，有显著皮孔。

**叶**：二回羽状复叶；羽片 2 ~ 4 对；小叶 5 ~ 14 对，长圆形或长圆状卵形，长 1.8 ~ 4.5 厘米，宽 7 ~ 20 毫米，先端圆钝而有细尖头，基部不等侧，两面均被短柔毛，中脉稍偏于上侧。

**花**：头状花序 2 ~ 7 枚生于叶腋，或于枝顶排成圆锥花序；花初白色，后变黄，具明显的小花梗；花萼管状，长 2 ~ 3 毫米，5 齿裂；花冠长 6 ~ 8 毫米，中部以下连合呈管状，裂片披针形，花萼、花冠均密被长柔毛；雄蕊长 2.5 ~ 3.5 厘米，基部联合呈管状。

**果实和种子**：荚果带状，长 7 ~ 17 厘米，宽 1.5 ~ 3 厘米，深棕色，嫩荚密被短柔毛，老时无毛；种子 4 ~ 12 颗，倒卵形。

**花果期**：花期 5 ~ 6 月，果期 8 ~ 10 月。

# 丽江羊蹄甲

豆科 Fabaceae | 羊蹄甲属 *Bauhinia*

*Bauhinia bohniana*

**植株**：直立灌木，高 1 ~ 2 米；幼枝密被灰褐色短柔毛，渐变无毛。

**叶**：叶近革质，扁圆形，长 5 ~ 7 厘米，宽 6 ~ 8 厘米，基部深心形，有时近截平，先端分裂达叶长的 1/4，罅口阔，裂片圆钝，上面被灰色短柔毛，下面密被赤褐色柔毛，毛渐脱落；基出脉 9 ~ 11 条，在下面明显凸起；叶柄密被灰褐色茸毛。

**花**：伞房花序式的总状花序顶生或侧生，直径 6 ~ 7 厘米，被锈色茸毛；苞片与小苞片披针形，早落；花梗长 15 ~ 20 毫米，被柔毛；花蕾上部近卵形，中部以下略缢缩；花托漏斗形，长约 5 毫米，与披针形的萼裂片外面同被柔毛；花冠粉红色，直径约 3.5 厘米，瓣片阔倒卵形，直径 10 ~ 12 毫米，外面中部被金黄色丝质柔毛，瓣柄长约 1 厘米，被毛；能育雄蕊 3 枚，花丝长达 3 厘米，无毛，花药长圆形，长约 4 毫米；退化雄蕊 6 ~ 7 枚，纤细，长约 2 厘米；子房具柄，缝线上密被金黄色丝质柔毛，子房柄长约 12 毫米，被疏柔毛，柱头小。

**果实和种子**：荚果带状，扁平，长 15 ~ 20 厘米，宽 2.5 ~ 3 厘米，先端具短喙，荚缝稍厚，果瓣革质，无毛；种子近心脏形，扁平，长约 12 毫米，宽约 9 毫米，种皮黑色，有光泽。

**花果期**：花果期 5 ~ 8 月。

# 鞍叶羊蹄甲

*Bauhinia brachycarpa*

豆科 Fabaceae | 羊蹄甲属 *Bauhinia*

**植株**：直立或攀缘小灌木；小枝纤细，具棱，被微柔毛，很快变秃净。

**叶**：叶纸质或膜质，近圆形，通常宽度大于长度，长 3 ~ 6 厘米，宽 4 ~ 7 厘米，基部近截形、阔圆形或有时浅心形，先端 2 裂达中部，罅口狭，裂片先端圆钝，上面无毛，下面略被稀疏的微柔毛，多少具松脂质丁字毛；基出脉 7 ~ 9（~ 11）条；托叶丝状早落；叶柄纤细，长 6 ~ 16 毫米，具沟，略被微柔毛。

**花**：伞房式总状花序侧生，连总花梗长 1.5 ~ 3 厘米，有密集的花 10 余朵；总花梗短，与花梗同被短柔毛；苞片线形，锥尖，早落；花蕾椭圆形，多少被柔毛；花托陀螺形；萼佛焰状，裂片 2；花瓣白色，倒披针形，连瓣柄长 7 ~ 8 毫米，具羽状脉；能育雄蕊通常 10 枚，其中 5 枚较长，花丝长 5 ~ 6 毫米，无毛；子房被茸毛，具短的子房柄，柱头盾状。

**果实和种子**：荚果长圆形，扁平，长 5 ~ 7.5 厘米，宽 9 ~ 12 毫米，两端渐狭，中部两荚缝近平行，先端具短喙，成熟时开裂，果瓣革质，初时被短柔毛，渐变无毛，平滑，开裂后扭曲；种子 2 ~ 4 颗，卵形，略扁平，褐色，有光泽。

**花果期**：花期 5 ~ 7 月，果期 8 ~ 10 月。

# 云南锦鸡儿

**豆科** Fabaceae | **锦鸡儿属** *Caragana*

*Caragana franchetiana*

**植株**：灌木，高 1～3 米；老枝灰褐色，小枝褐色，枝条伸长。

**叶**：羽状复叶有 5～9 对小叶；托叶膜质，卵状披针形，脱落，先端具刺尖或无；仅长枝叶轴硬化成粗针刺，长 2～5 厘米，宿存，灰褐色，无毛；小叶倒卵状长圆形或长圆形，长 5～9 毫米，宽 3～3.5 毫米，嫩时有短柔毛，下面淡绿色。

**花**：花梗长 5～20 毫米，被柔毛，中下部具关节；苞片披针形，小苞片 2 枚，线形；花萼短管状，长 8～12 毫米，宽 5～7 毫米，基部囊状，初被疏柔毛，萼齿披针状三角形，长 2～5毫米；花冠黄色，有时旗瓣带紫色，长约 23 毫米，旗瓣近圆形，先端不凹，具长瓣柄，翼瓣的瓣柄稍短于瓣片，具 2 耳，下耳线形，与瓣柄近等长，上耳齿状，短小，有时不明显，龙骨瓣先端钝，瓣柄与瓣片近相等，耳齿状；子房被密柔毛。

**果实和种子**：荚果圆筒状，长 2～4.5 厘米，被密伏贴柔毛，里面被褐色绒毛。

**花果期**：花期 5～6 月，果期 7 月。

# 鬼箭锦鸡儿

*Caragana jubata*　　**豆科** Fabaceae | **锦鸡儿属** *Caragana*

**植株**：灌木，直立或伏地，高0.3～2米；基部多分枝；树皮深褐色、绿灰色或灰褐色。

**叶**：羽状复叶有4～6对小叶；托叶先端刚毛状，不硬化成针刺；叶轴长5～7厘米，宿存，被疏柔毛；小叶长圆形，长11～15毫米，宽4～6毫米，先端圆或尖，具刺尖头，基部圆形，绿色，被长柔毛。

**花**：花梗单生，长约0.5毫米，基部具关节，苞片线形；花萼钟状管形，长14～17毫米，被长柔毛，萼齿披针形，长为萼筒的1/2；花冠玫瑰色、淡紫色、粉红色或近白色，长27～32毫米，旗瓣宽卵形，基部渐狭成长瓣柄，翼瓣近长圆形，瓣柄长为瓣片的2/3～3/4，耳狭线形，长为瓣柄的3/4，龙骨瓣先端斜截平而稍凹，瓣柄与瓣片近等长，耳短，三角形；子房被长柔毛。

**果实和种子**：荚果长约3厘米，宽6～7毫米，密被丝状长柔毛。

**花果期**：花期6～7月，果期8～9月。

# 云南山蚂蝗

**豆科** Fabaceae | **山蚂蝗属** *Desmodium*

*Desmodium yunnanense*

**植株**：灌木，高1.2～3米；多分枝，幼枝具棱或沟槽，密被白色或灰白色绒毛，老时渐变无毛。

**叶**：叶为3小叶，或具单小叶；托叶卵形至披针形，长7～8毫米，宽1.5～2.5毫米，先端渐尖，外面密被绒毛，脱落；叶柄长（1～）2～4厘米，密被灰色或白色绒毛；小叶厚纸质，顶生小叶近圆形、卵形或倒卵形，长5～22厘米，宽5～17厘米，侧生小叶较小，先端圆或钝，基部圆形至宽楔形，上面疏被柔毛，下面密被灰色或白色绒毛，边全缘或波状，侧脉每边5～6条，两面网脉明显；小托叶披针形，长达4毫米；小叶柄长约2毫米，密被灰色或白色绒毛。

**花**：圆锥花序较大，顶生，长16～27厘米，总花梗被短绒毛；花2～6朵生于每一节上；花梗长0.6～1厘米，被绒毛；苞片狭卵形，长5～10毫米，宽1.5～3毫米，外面密被绒毛；花萼长3～4.5毫米，外面密被绒毛，4裂，裂片卵形，与萼筒等长或较短，上部裂片宽卵形，全缘，侧裂片较短；花冠粉红色或紫色，长10～13毫米，旗瓣近圆形或宽椭圆形，先端微凹或缺凹，基部具短瓣柄，翼瓣具耳和瓣柄，龙骨瓣较短无毛，亦具瓣柄；雄蕊长10～12毫米；雌蕊长达13毫米，子房被柔毛。

**果实和种子**：荚果扁平，长4～6厘米，宽约5毫米，腹缝线近直，背缝线波状；有荚节4～7节，长7～9毫米，具网纹，幼时被毛，成熟时渐变无毛。

**花果期**：花期8～9月，果期9～10月。

# 尖齿木蓝

*Indigofera argutidens*

豆科 Fabaceae | 木蓝属 *Indigofera*

**植株**：矮小灌木，高 30～80 厘米，多分枝；茎下部圆柱形，幼嫩部分具棱，密被棕褐色开展绒毛。

**叶**：叶柄长 3～5 毫米，叶轴圆柱形，上面具槽，与叶柄均密被棕褐色长软毛；托叶线形，长 8～10 毫米，被白色或棕褐色长绒毛，反曲，宿存；小叶 3～6（～7）对，对生或近互生，椭圆形、长圆形、倒卵形至倒卵状椭圆形，长 7～20（～25）毫米，宽 4～9（～13）毫米，先端圆钝或截平，微凹，具长 1.5～3 毫米小尖头，基部楔形至圆形，上面绿色，下面淡绿色，两面均被白色平贴而两端稍卷曲的长丁字毛，中脉上面凹入，下面隆起，侧脉两面均不显著；小叶柄长约 1 毫米；小托叶不明显。

**花**：总状花序长 3.5～8 厘米；总状花序长达 3.5 厘米，有 5～12 朵花；总花梗长约 1.2 厘米，与花序轴均密被棕褐色长绒毛；苞片线形，长 7～8 毫米；花梗长 2～2.5 毫米，与苞片均被白色长绒毛；花萼杯状，长约 5 毫米，外面被白色或间生棕褐色长软毛，萼筒长约 1 毫米，萼齿线形或线状披针形，不等长，最下萼齿长约 4 毫米；花冠紫红色，旗瓣阔椭圆形，长 9～10 毫米，宽约 5 毫米，基部有瓣柄，外面被平贴毛，翼瓣长约 9 毫米，基部有耳状附属物，边缘有睫毛，龙骨瓣与旗瓣近等长，先端及边缘有毛，基部具短瓣柄，距短小；花药卵球形，顶端有小突尖头，两端疏生髯毛；子房无毛，有胚珠 10 余粒。

**果实和种子**：荚果圆柱形，长 2～3 厘米，疏被白色丁字毛，内果皮有紫色斑点；有种子 8～9 粒；果梗长约 4 毫米，直立或斜举。

**花果期**：花期 5～7 月，果期 9 月。

# 丽江木蓝

*Indigofera balfouriana*

**豆科** Fabaceae | **木蓝属** *Indigofera*

**植株**：灌木，高0.6~2米；茎褐色，具棱；皮孔淡黄色，明显；幼枝褐色，被卷曲柔毛，后脱落无毛。

**叶**：羽状复叶长3~9厘米；叶柄长1~2.3厘米，叶轴圆柱形，上面有浅槽，与叶柄均被棕褐色并间生白色半开展丁字毛；托叶线状披针形，长3~6毫米，被毛；小叶2~4对，对生，椭圆形，顶生小叶倒卵形，长6~26毫米，宽4~13毫米，先端圆形，微凹，有小尖头，基部阔楔形或圆形，上面绿色，下面淡绿色，两面均被平贴丁字毛，中脉上面微凹，下面稍隆起，侧脉两面均不明显；小叶柄长约1.5毫米，被褐色毛；小托叶钻形，长约1毫米。

**花**：总状花序长2~6厘米，基部常具芽鳞；总花梗长5~15毫米，花序轴具棱，与总花梗均被褐色半开展毛；苞片卵形，长约3毫米；花梗长1~3毫米，与苞片均被褐色毛；花萼钟状，长2~3.5毫米，萼筒长1~2毫米，下萼齿线状披针形，长1.3~1.5毫米，上方萼齿三角形，先端急尖，长约1毫米；花冠红色或紫红色，旗瓣近圆形，长6~9.5毫米，宽5~6毫米，先端圆形，微凹，近无瓣柄，外面被白色半开展毛，翼瓣长7~9.5毫米，宽约2毫米，基部有耳状附属物，具缘毛，龙骨瓣长7.5~8.5毫米，先端及边缘有毛，距长约1毫米；花药卵球形，顶端具小凸尖，两端无毛；子房无毛，有胚珠10~11粒。

**果实和种子**：荚果圆柱形，长2.5~4厘米，顶端圆钝，被毛；内果皮有紫色斑点；果梗长约2毫米，下弯或平展。

**花果期**：花期4~7月，果期7~9月。

## 刺齿木蓝

*Indigofera chaetodonta*

豆科 Fabaceae | 木蓝属 *Indigofera*

**植株**：矮小亚灌木，高 15 ~ 30 厘米；多分枝，茎基部木质，枝细瘦，具棱，草质，常偃伏，老枝褐色，近无毛，幼枝绿色，密或疏生白色平贴粗丁字毛。

**叶**：羽状复叶长 2 ~ 2.5 厘米；叶柄长约 0.5 毫米，叶轴上面平，疏被粗丁字毛；托叶基部宽，上部钻形，长 2 ~ 3 毫米；小叶 2 ~ 4（~ 5）对，对生，椭圆状长圆形，顶生小叶倒卵状长圆形，长 3 ~ 8 毫米，宽 1.5 ~ 3 毫米，先端钝圆，具小尖头，基部圆形，上面绿色，无毛或有脱落性毛，下面淡绿色，疏被粗丁字毛，中脉上面凹入，侧脉不明显；小托叶与小叶柄近等长。

**花**：总状花序腋生，长 3 ~ 4（~ 6）厘米，花疏生；总花梗长约 1.2 厘米，花序轴上除丁字毛外，还散生红色腺体；苞片线形，长约 2.5 毫米，具腺状缘毛；花梗短，长约 1 毫米；花萼杯状，外面疏生丁字毛，萼齿钻形，较萼筒长 3 倍以上；花冠青莲色，旗瓣椭圆形，长约 6 毫米，宽约 3 毫米，外面被柔毛，翼瓣长约 5 毫米，龙骨瓣与翼瓣等长，距长约 0.5 毫米；花药卵心形，基部具髯毛；子房线形，无毛，胚珠 7 ~ 8 粒。

**果实和种子**：荚果褐色，线形，长 1.5 ~ 2 厘米，被细毛，顶端尖锐；果梗下弯。

**花果期**：花期 6 ~ 8 月，果期 9 ~ 10 月。

# 岷谷木蓝

**豆科** Fabaceae | **木蓝属** *Indigofera*

*Indigofera lenticellata*

**植株**：直立灌木，高达 1.2 米；茎紫褐色；枝圆柱形，有白色平贴丁字毛，后变无毛；皮孔红褐色，明显。

**叶**：羽状复叶长 8 ~ 20 毫米；叶柄长 2 ~ 6 毫米，叶轴密被白色并混生少量棕色丁字毛；托叶斜三角形，长约 1.5 毫米，宿存；小叶 2 ~ 4 对，对生，椭圆形至倒卵形，长 3 ~ 7 毫米，宽 2 ~ 5 毫米，先端圆形或截平，有小尖头，基部圆形或阔楔形，两面被白色间有棕色粗丁字毛，下面较密，侧脉不明显；小叶柄长约 0.5 厘米；小托叶微小。

**花**：总状花序短，长达 2.7 厘米；总花梗长于叶柄，长可达 1 厘米；苞片卵形，长约 1.5 毫米，脱落；萼筒长约 1 毫米，外面有毛，最下萼齿阔披针形，与萼筒等长；花冠红色，旗瓣阔椭圆形，长约 7 毫米，宽 4 ~ 4.5 毫米，外面有丁字毛，翼瓣与旗瓣等长，龙骨瓣长约 7 毫米，距长约 0.5 毫米。

**果实和种子**：荚果暗紫色，圆柱形，长 1.2 ~ 3 厘米，疏生短毛，顶端锐尖；果梗下弯。

**花果期**：花期 5 ~ 7 月，果期 9 ~ 10 月。

# 垂序木蓝

*Indigofera pendula*

豆科 Fabaceae | 木蓝属 *Indigofera*

**植株**：灌木，高 2 ~ 3 米；茎黑褐色，圆柱形，无毛，皮孔明显；幼枝淡黄褐色，具棱，有淡褐色或棕黄色平贴丁字毛。

**叶**：羽状复叶长 15 厘米；叶柄长 1 ~ 2.5 厘米，叶轴上面有槽，被丁字毛；托叶披针形，长 2 ~ 3 毫米，早落；小叶 6 ~ 10（~ 13）对，对生，通常椭圆形或长圆形，顶生小叶倒卵形，长 1 ~ 2.5 厘米，宽 5 ~ 9 毫米，先端圆钝或微凹，基部楔形至阔楔形或圆形，上面绿色，无毛或近无毛，下面粉绿色，疏生平贴丁字毛；中脉上面凹入，侧脉约 6 对，上面较显著；小叶柄长 1.5 ~ 2 毫米，有毛；小托叶钻形，长 0.5 ~ 1 毫米，宿存。

**花**：总状花序长达 35 厘米，下垂；总花梗长 1 ~ 2 厘米，有毛；苞片披针形，长约 3 毫米；花梗长 2 ~ 3 毫米；花萼杯状，长约 3 毫米，外面有丁字毛，萼筒长 1.5 毫米，萼齿卵形或线状披针形，不等长，最下萼齿与萼筒等长；花冠紫红色，旗瓣长圆形，长 9 ~ 10 毫米，宽约 5 毫米，外面有灰白色绢丝状丁字毛，基部具短瓣柄，翼瓣长达 10 毫米，边缘具睫毛，基部有耳，瓣柄短，龙骨瓣和翼瓣等长，先端及边缘有毛，距长约 1.5 毫米；花药阔卵形，基部有少数髯毛；子房无毛，有胚珠 9 ~ 12 粒。

**果实和种子**：荚果褐色，圆柱形，长约 5 厘米，径 3 ~ 4 毫米，疏生丁字毛，有种子 10 余粒，内果皮有紫色斑点，果梗长约 3 毫米，平展或直立；种子赤褐色，椭圆形，长约 3 毫米，宽约 2 毫米。

**花果期**：花期 6 ~ 8 月，果期 9 ~ 10 月。

# 腺毛木蓝

*Indigofera scabrida*

豆科 Fabaceae | 木蓝属 *Indigofera*

**植株**：直立灌木，高达 80 厘米；茎圆柱形，上部分枝，呈之字形弯曲；枝、叶轴、叶缘、花序、苞片及萼片均有红色柄头状腺毛。

**叶**：羽状复叶长达 12 厘米；叶柄长 1 ~ 1.5 厘米；托叶线形，长约 7 毫米；小叶 3 ~ 5 对，对生，椭圆形、倒卵状椭圆形或倒卵形，长 1 ~ 3 厘米，宽 6 ~ 20 毫米，先端圆钝或截平，基部阔楔形或圆形，边缘及叶脉具腺毛，上面有短细柔毛或无毛；小叶柄长约 1 毫米；小托叶与小叶柄近等长。

**花**：总状花序长 6 ~ 12 厘米，花疏生；总花梗较叶柄长；苞片线形，长约 5 毫米；花梗长 1 ~ 2 毫米；花萼长约 2.5 毫米，萼齿线形，长约 2 毫米；旗瓣倒卵状椭圆形，长约 8 毫米，外面有柔毛，翼瓣与旗瓣等长，龙骨瓣有距；花药球形；子房线形，有毛。

**果实和种子**：荚果线形，长 1.8 ~ 3 厘米，近无毛，内果皮具斑点，有种子 9 ~ 10 粒；种子赤褐色，长方形，长约 1.5 毫米。

**花果期**：花期 6 ~ 9 月，果期 8 ~ 10 月。

# 网叶木蓝

*Indigofera reticulata*

豆科 Fabaceae | 木蓝属 *Indigofera*

**植株**：矮小灌木，有时平卧，高 10 ~ 30 厘米，基部分枝；枝细瘦，短缩，具棱，被棕色丁字毛。

**叶**：羽状复叶长 2 ~ 6 厘米；叶柄长 4 ~ 11 毫米，叶轴圆柱形，上面有深槽，被毛；托叶线形，长 3 ~ 4（~ 5）毫米；小叶 2 ~ 6 对，通常 3 ~ 4 对，对生，坚纸质，长圆形或长圆状椭圆形；顶生小叶倒卵形，长 5 ~ 17 毫米，宽 3 ~ 7 毫米，先端钝圆或微凹，有小尖头，基部浅心形或圆形，两面被白色并间生棕色短丁字毛；下面中脉棕色毛较多，中脉上面微隆起，侧脉 5 ~ 6 对，两面明显，下面脉网明显；小叶柄长约 1 毫米；小托叶小，与小叶柄等长。

**花**：总状花序长 2 ~ 4 厘米；总花梗长 4 ~ 5 毫米，被毛；苞片线形，长约 2 毫米；花梗长 2 ~ 2.5 毫米；花萼长约 3 毫米，外面被毛，萼齿披针状钻形，与萼筒近等长；花冠紫红色，旗瓣阔卵形，长 6 ~ 7 毫米，先端圆形，基部具瓣柄，外面被毛，翼瓣长约 7 毫米，边缘具睫毛，龙骨瓣先端外面被毛，距长约 1 毫米，与翼瓣等长；花药卵球形，基部有少量髯毛；子房无毛。

**果实和种子**：荚果圆柱形，长 1 ~ 2 厘米，被短丁字毛，内果皮具斑点；种子赤褐色，椭圆形或长圆形，长 1.5 ~ 2 毫米。

**花果期**：花期 5 ~ 7 月，果期 9 ~ 12 月。

# 美丽胡枝子

**豆科** Fabaceae | **胡枝子属** *Lespedeza*

*Lespedeza formosa*

**植株**：直立灌木，高 1 ~ 2 米；多分枝，枝伸展，被疏柔毛。

**叶**：托叶披针形至线状披针形，长 4 ~ 9 毫米，褐色，被疏柔毛；叶柄长 1 ~ 5 厘米，被短柔毛；小叶椭圆形、长圆状椭圆形或卵形，稀倒卵形，两端稍尖或稍钝，长 2.5 ~ 6 厘米，宽 1 ~ 3 厘米，上面绿色，稍被短柔毛，下面淡绿色，贴生短柔毛。

**花**：总状花序单一，腋生，比叶长，或构成顶生的圆锥花序；总花梗长可达 10 厘米，被短柔毛；苞片卵状渐尖，长 1.5 ~ 2 毫米，密被绒毛；花梗短，被毛；花萼钟状，长 5 ~ 7 毫米，5 深裂，裂片长圆状披针形，长为萼筒的 2 ~ 4 倍，外面密被短柔毛；花冠红紫色，长 10 ~ 15 毫米，旗瓣近圆形或稍长，先端圆，基部具明显的耳和瓣柄，翼瓣倒卵状长圆形，短于旗瓣和龙骨瓣，长 7 ~ 8 毫米，基部有耳和细长瓣柄，龙骨瓣比旗瓣稍长，在花盛开时明显长于旗瓣，基部有耳和细长瓣柄。

**果实和种子**：荚果倒卵形或倒卵状长圆形，长 8 毫米，宽 4 毫米，表面具网纹且被疏柔毛。

**花果期**：花期 7 ~ 9 月，果期 9 ~ 10 月。

# 尼泊尔黄花木

*Piptanthus nepalensis*

豆科 Fabaceae | 黄花木属 *Piptanthus*

**植株**：灌木，高1.5～3米；茎圆柱形，具沟棱，被白色棉毛。

**叶**：叶柄长1～3厘米，上面具阔槽，下面圆凸，密被毛；托叶长7～14毫米，被毛；小叶披针形、长圆状椭圆形或线状卵形，长6～14厘米，宽1.5～4厘米，先端渐尖，基部楔形，硬纸质，上面无毛，暗绿色，下面初被黄色丝状毛和白色贴伏柔毛，后渐脱落，呈粉白色，两面平坦，侧脉不隆起。

**花**：总状花序顶生，长5～8厘米，具花2～4轮，花后几不伸长，密被白色棉毛，不脱落；苞片阔卵形，长约1.2厘米，先端锐尖，密被毛；花梗长2～2.5厘米；花长约3厘米；萼钟形，长1.2～1.6厘米，被白色棉毛，萼齿5齿，上方2齿合生，三角形，长4毫米，下方3齿披针形，与萼筒近等长；花冠黄色，旗瓣阔心形，瓣片长约2.5厘米，宽2厘米，先端凹，瓣柄长约6毫米，翼瓣稍短，长约2.3厘米，宽8毫米，先端钝圆，龙骨瓣长约3厘米，宽9～10毫米；子房线形，具短柄，密被黄色绢毛，胚珠2～10粒。

**果实和种子**：荚果阔线形，扁平，长8～15厘米，宽1.6～1.8厘米，先端骤尖，具尖喙，基部具颈，颈长1.6厘米，被毛，果瓣膜质，网状脉纹明显，疏被柔毛；有4～8粒种子。种子肾形，压扁，黄褐色，长4～5毫米，宽3～3.5毫米。

**花果期**：花期4～6月，果期6～7月。

# 绒叶黄花木

**豆科** Fabaceae | **黄花木属** *Piptanthus*

*Piptanthus tomentosus*

**植株**：灌木，高1~3米；树皮暗棕色；茎圆柱形，具沟棱；嫩枝密被绒毛，老时秃净。

**叶**：托叶阔卵形，长5~15毫米，密被绒毛；叶柄长1~2厘米，上面具槽，下面圆，被毛；小叶卵状椭圆形、披针形至倒卵状披针形，长2.5~8厘米，宽1~3厘米，先端急尖或钝，基部楔形，上面初时密被白色丝状毛，后渐稀疏，下面密被锈色和灰白色交织绒毛。

**花**：总状花序顶生，密被绒毛，幼时短，后伸长，节间长1.5~2厘米；苞片阔卵形，锐尖头，密被锈色丝状毛，长1~1.5厘米；花梗长约1.5厘米；萼钟形，长1~1.2厘米，萼齿5齿，密被锈色毛，上方2齿合生，三角形，长2毫米，下方3齿披针形，与萼筒近等长；花冠黄色，旗瓣瓣片圆形或阔心形，长1.8~2.2厘米，宽1.5~2厘米，瓣柄长6毫米，翼瓣短，长约1.5毫米，宽5~6毫米，龙骨瓣长约2厘米，宽6~7毫米；子房柄长5毫米，密被锈色毛，胚珠4~8粒。

**果实和种子**：荚果线形，扁平，先端急尖，长4.5~9厘米，宽9~10毫米，密被锈色绒毛；种子圆肾形，略扁，褐色，长5~6毫米，宽4~5毫米。

**花果期**：花期4~7月，果期8~9月。

## 白刺花

*Sophora davidii*

豆科 Fabaceae | 苦参属 *Sophora*

**植株**：灌木或小乔木，高 1 ~ 2 米，有时 3 ~ 4 米；枝多开展，小枝初被毛，旋即脱净，不育枝末端明显变成刺，有时分叉。

**叶**：羽状复叶；托叶钻状，部分变成刺，疏被短柔毛，宿存；小叶 5 ~ 9 对，形态多变，一般为椭圆状卵形或倒卵状长圆形，长 10 ~ 15 毫米，先端圆或微缺，常具芒尖，基部钝圆形，上面几无毛，下面中脉隆起，疏被长柔毛或近无毛。

**花**：总状花序着生于小枝顶端；花小，长约 15 毫米，较少；花萼钟状，稍歪斜，蓝紫色，萼齿 5 齿，不等大，圆三角形，无毛；花冠白色或淡黄色，有时旗瓣稍带红紫色，旗瓣倒卵状长圆形，长 14 毫米，宽 6 毫米，先端圆形，基部具细长柄，柄与瓣片近等长，反折，翼瓣与旗瓣等长，单侧生，倒卵状长圆形，宽约 3 毫米，具 1 锐尖耳，明显具海绵状皱褶，龙骨瓣比翼瓣稍短，镰状倒卵形，具锐三角形耳；雄蕊 10 枚，等长，基部联合不到 1/3；子房比花丝长，密被黄褐色柔毛；花柱变曲，无毛，胚珠多数。

**果实和种子**：荚果非典型串珠状，稍压扁，长 6 ~ 8 厘米，宽 6 ~ 7 毫米，开裂方式与砂生槐同，表面散生毛或近无毛，有种子 3 ~ 5 粒；种子卵球形，长约 4 毫米，径约 3 毫米，深褐色。

**花果期**：花期 3 ~ 8 月，果期 6 ~ 10 月。

# 荷包山桂花

远志科 Polygalaceae | 远志属 *Polygala*

*Polygala arillata*

**植株**：灌木或小乔木，高 1 ~ 5 米；小枝密被短柔毛，具纵棱；芽密被黄褐色毡毛。

**叶**：单叶互生，叶片纸质，椭圆形、长圆状椭圆形至长圆状披针形，长 6.5 ~ 14 厘米，宽 2 ~ 2.5 厘米，先端渐尖，基部楔形或钝圆，全缘，具缘毛，叶面绿色，背面淡绿色，两面均疏被短柔毛，沿脉较密，后渐无毛；主脉上面微凹，背面隆起，侧脉 5 ~ 6 对，于边缘附近网结，细脉网状，明显；叶柄长约 1 厘米，被短柔毛。

**花**：总状花序与叶对生，下垂，密被短柔毛，长 7 ~ 10 厘米，果时长达 25（~30）厘米；花长 13 ~ 20 毫米，花梗长约 3 毫米，被短柔毛，基部具三角状渐尖的苞片 1 枚；萼片 5 枚，具缘毛，花后脱落，外面 3 枚小，不等大，上面 1 枚深兜状，长 8 ~ 9 毫米，侧生 2 枚卵形，长约 5 毫米，宽约 3 毫米，先端圆形，内萼片 2 枚，花瓣状，红紫色，长圆状倒卵形，长 15 ~ 18 毫米，与花瓣几成直角着生；花瓣 3 枚，肥厚，黄色，侧生花瓣长 11 ~ 15 毫米，较龙骨瓣短，2/3 以下与龙骨瓣合生，基部外侧耳状，龙骨瓣盔状，具丰富条裂的鸡冠状附属物；雄蕊 8 枚，花丝长约 14 毫米，2/3 以下联合成鞘，并与花瓣贴生，花药卵形，顶孔开裂；子房圆形，压扁，径约 3 毫米，具狭翅及缘毛，基部具肉质花盘，花柱长 8 ~ 12 毫米，向顶端弯曲，先端呈喇叭状 2 裂，柱头生于下裂片内。

**果实和种子**：蒴果阔肾形至略心形，浆果状，长约 10 毫米，宽 13 毫米，成熟时紫红色，先端微缺，具短尖头，边缘具狭翅及缘毛，果爿具同心圆状肋；种子球形，棕红色，径约 4 毫米，极疏被白色短柔毛，种脐端平截，圆形微突起，亮黑色，种阜跨褶状。

**花果期**：花期 5 ~ 10 月，果期 6 ~ 11 月。

## 微毛樱桃

*Cerasus clarofolia*

**蔷薇科** Rosaceae | **樱属** *Cerasus*

**植株**：灌木或小乔木，高 2.5～20 米；树皮灰黑色；小枝灰褐色，嫩枝紫色或绿色，无毛或多少被疏柔毛；冬芽卵形，无毛。

**叶**：叶片卵形，卵状椭圆形或倒卵状椭圆形，长 3～6 厘米，宽 2～4 厘米，先端渐尖或骤尖，基部圆形，边有单锯齿或重锯齿，齿渐尖，齿端有小腺体或不明显，上面绿色，疏被短柔毛或无毛，下面淡绿色，无毛或被疏柔毛，侧脉 7～12 对；叶柄长 0.8～1 厘米，无毛或被疏柔毛；托叶披针形，边有腺齿或羽状分裂腺齿。

**花**：花序伞形或近伞形，有花 2～4 朵，花叶同开；总苞片褐色，匙形，长约 0.8 毫米，宽 3～4 毫米，外面无毛，内面被疏柔毛；总梗长 4～10 毫米，无毛或被疏柔毛；苞片绿色，果时宿存，近卵形、卵状长圆形或近圆形，直径 2～5 毫米，边有锯齿，齿端有锥状或头状腺体；花梗长 1～2 厘米，无毛或被稀疏柔毛；萼筒钟状，无毛或几无毛，萼片卵状三角形或披针状三角形，先端急尖或渐尖，边有腺齿或全缘；花瓣白色或粉红色，倒卵形至近圆形；雄蕊 20～30 枚；花柱基部有疏柔毛，比雄蕊稍短或稍长，柱头头状。

**果实和种子**：核果红色，长椭圆形，纵径 7～8 毫米，横径 4～5 毫米；核表面微具棱纹。

**花果期**：花期 4～6 月，果期 6～7 月。

# 灰栒子

**蔷薇科** Rosaceae | **栒子属** *Cotoneaster*

*Cotoneaster acutifolius*

**植株**：落叶灌木，高 2～4 米；枝条开张，小枝细瘦，圆柱形，棕褐色或红褐色，幼时被长柔毛。

**叶**：叶片椭圆卵形至长圆卵形，长 2.5～5 厘米，宽 1.2～2 厘米，先端急尖，稀渐尖，基部宽楔形，全缘，幼时两面均被长柔毛，下面较密，老时逐渐脱落，最后常近无毛；叶柄长 2～5 毫米，具短柔毛；托叶线状披针形，脱落。

**花**：花 2～5 朵，呈聚伞花序，总花梗和花梗被长柔毛；苞片线状披针形，微具柔毛；花梗长 3～5 毫米；花直径 7～8 毫米；萼筒钟状或短筒状，外面被短柔毛，内面无毛；萼片三角形，先端急尖或稍钝，外面具短柔毛，内面先端微具柔毛；花瓣直立，宽倒卵形或长圆形，长约 4 毫米，宽 3 毫米，先端圆钝，白色外带红晕；雄蕊 10～15 枚，比花瓣短；花柱通常 2 枚，离生，短于雄蕊；子房先端密被短柔毛。

**果实和种子**：果实椭圆形，稀倒卵形，直径 7～8 毫米，黑色，内有小核 2～3 个。

**花果期**：花期 5～6 月，果期 9～10 月。

# 匍匐栒子

*Cotoneaster adpressus*

**蔷薇科** Rosaceae | **栒子属** *Cotoneaster*

**植株**：落叶匍匐灌木，茎不规则分枝，平铺地上；小枝细瘦，圆柱形，幼嫩时具糙伏毛，逐渐脱落，红褐色至暗灰色。

**叶**：叶片宽卵形或倒卵形，稀椭圆形，长 5 ~ 15 毫米，宽 4 ~ 10 毫米，先端圆钝或稍急尖，基部楔形，边缘全缘而呈波状，上面无毛，下面具稀疏短柔毛或无毛；叶柄长 1 ~ 2 毫米，无毛；托叶钻形，成长时脱落。

**花**：花 1 ~ 2 朵，几无梗，直径 7 ~ 8 毫米；萼筒钟状，外具稀疏短柔毛，内面无毛；萼片卵状三角形，先端急尖，外面有稀疏短柔毛，内面常无毛；花瓣直立，倒卵形，长约 4.5 毫米，宽几与长相等，先端微凹或圆钝，粉红色；雄蕊约 10 ~ 15 枚，短于花瓣；花柱 2 枚，离生，比雄蕊短；子房顶部有短柔毛。

**果实和种子**：果实近球形，直径 6 ~ 7 毫米，鲜红色，无毛；通常有 2 小核，稀 3 小核。

**花果期**：花期 5 ~ 6 月，果期 8 ~ 9 月。

# 黄杨叶栒子

*Cotoneaster argenteus*

**蔷薇科** Rosaceae | **栒子属** *Cotoneaster*

**植株**：常绿至半常绿矮生灌木，高达1.5米；小枝圆柱形，深灰褐色或棕褐色，幼时密被白色绒毛。

**叶**：叶片椭圆形至椭圆倒卵形，长5~10（~15）毫米，宽4~8毫米，先端急尖，基部宽楔形至近圆形，上面幼时具伏生柔毛，老时脱落，下面密被灰白色绒毛；叶柄长1~3毫米，被绒毛；托叶细小，钻形，早落。

**花**：花3~5朵，少数单生，直径7~9毫米，近无柄；萼筒钟状，外面被绒毛，内面无毛；萼片卵状三角形，先端急尖，外面被绒毛，内面无毛或先端微具柔毛；花瓣平展，近圆形或宽卵形，长4毫米，宽约与长相等，先端圆钝，白色；雄蕊20枚，比花瓣短；子房先端有柔毛；花柱2枚，离生，几与雄蕊等长。

**果实和种子**：果实近球形，直径5~6毫米，红色，常具2小核。

**花果期**：花期4~6月，果期9~10月。

# 泡叶栒子

*Cotoneaster bullatus*

蔷薇科 Rosaceae | 栒子属 *Cotoneaster*

**植株**：落叶开张灌木，高达 2 米；小枝粗壮，圆柱形，稍弯曲，灰黑色，幼嫩时被糙伏毛。

**叶**：叶片长圆卵形或椭圆卵形，长 3.5 ~ 7 厘米，宽 2 ~ 4 厘米，先端渐尖，有时急尖，基部楔形或圆形，全缘，上面有明显皱纹并呈泡状隆起，无毛或微具柔毛，下面具疏生柔毛，沿叶脉毛较密，有时近无毛；叶柄长 3 ~ 6 毫米，具柔毛；托叶披针形，有柔毛，早落。

**花**：花 5 ~ 13 朵，呈聚伞花序，总花梗和花梗均具柔毛；花梗长 1 ~ 3 毫米；花直径 7 ~ 8 毫米；萼筒钟状，外面无毛或具稀疏柔毛，内面无毛；萼片三角形，先端急尖，外面无毛或有稀疏柔毛，内面仅先端具柔毛；花瓣直立，倒卵形，长约 4.5 毫米，先端圆钝，浅红色；雄蕊约 20 ~ 22 枚，比花瓣短；花柱 4 ~ 5 枚，离生，甚短；子房顶端具柔毛。

**果实和种子**：果实球形或倒卵形，长 6 ~ 8 毫米，直径 6 ~ 8 毫米，红色，4 ~ 5 小核。

**花果期**：花期 5 ~ 6 月，果期 8 ~ 9 月。

# 木帚栒子

**蔷薇科** Rosaceae | **栒子属** *Cotoneaster*

*Cotoneaster dielsianus*

**植株：**落叶灌木，高 1 ~ 2 米，枝条开展下垂；小枝通常细瘦，圆柱形，灰黑色或黑褐色，幼时密被长柔毛。

**叶：**叶片椭圆形至卵形，长 1 ~ 2.5 厘米，宽 0.8 ~ 1.5 厘米，先端多数急尖，稀圆钝或缺凹，基部宽楔形或圆形，全缘，上面微具稀疏柔毛，下面密被带黄色或灰色绒毛；叶柄长 1 ~ 2 毫米，被绒毛；托叶线状披针形，幼时有毛，至果期部分宿存。

**花：**花 3 ~ 7 朵，呈聚伞花序，总花梗和花梗具柔毛，花梗长 1 ~ 3 毫米；花直径 6 ~ 7 毫米；萼筒钟状，外面被柔毛；萼片三角形，先端急尖，外面被柔毛，内面先端有少数柔毛；花瓣直立，几圆形或宽倒卵形，长与宽各约 3 ~ 4 毫米，先端圆钝，浅红色；雄蕊 15 ~ 20 枚，比花瓣短；花柱通常 3 枚，甚短，离生；子房顶部有柔毛。

**果实和种子：**果实近球形或倒卵形，直径 5 ~ 6 毫米，红色，具 3 ~ 5 小核。

**花果期：**花期 6 ~ 7 月，果期 9 ~ 10 月。

# 西南栒子

*Cotoneaster franchetii*

蔷薇科 Rosaceae | 栒子属 *Cotoneaster*

**植株**：半常绿灌木，高 1 ~ 3 米；枝开张，呈弓形弯曲，暗灰褐色或灰黑色，嫩枝密被糙伏毛，老时逐渐脱落。

**叶**：叶片厚，椭圆形至卵形，长 2 ~ 3 厘米，宽 1 ~ 1.5 厘米，先端急尖或渐尖，基部楔形，全缘，上面幼时具伏生柔毛，老时脱落，下面密被带黄色或白色绒毛；叶柄长 2 ~ 3 毫米，具绒毛；托叶线状披针形，有毛，成长时脱落。

**花**：花 5 ~ 11 朵，呈聚伞花序，生于短侧枝顶端，总花梗和花梗密被短柔毛，花梗长 2 ~ 4毫米；苞片线形，具柔毛；花直径 6 ~ 7 毫米；萼筒钟状，外面密被柔毛，内面无毛；萼片三角形，先端急尖或短渐尖，外面密生柔毛，内面先端微具柔毛；花瓣直立，宽倒卵形或椭圆形，长 4 毫米，宽 3 毫米，先端圆钝，粉红色；雄蕊 20 枚，比花瓣短；花柱 2 ~ 3 枚，离生，短于雄蕊；子房先端有柔毛。

**果实和种子**：果实卵球形，直径 6 ~ 7 毫米，橘红色，初时微具柔毛，最后无毛，常具 3 小核，有时多至 5 核。

**花果期**：花期 6 ~ 7 月，果期 9 ~ 10 月。

## 小叶栒子

*Cotoneaster microphyllus*

**蔷薇科** Rosaceae | **栒子属** *Cotoneaster*

**植株**：常绿矮生灌木，高达1米；枝条开展，小枝圆柱形，红褐色至黑褐色，幼时具黄色柔毛，逐渐脱落。

**叶**：叶片厚革质，倒卵形至长圆倒卵形，长4～10毫米，宽3.5～7毫米，先端圆钝，稀微凹或急尖，基部宽楔形，上面无毛或具稀疏柔毛，下面被带灰白色短柔毛，叶边反卷；叶柄长1～2毫米，有短柔毛；托叶细小，早落。

**花**：花通常单生，稀2～3朵，直径约1厘米，花梗甚短；萼筒钟状，外面有稀疏短柔毛，内面无毛；萼片卵状三角形，先端钝，外面稍具短柔毛，内面无毛或仅先端边缘上有少数柔毛；花瓣平展，近圆形，长与宽各约4毫米，先端钝，白色；雄蕊15～20枚，短于花瓣；花柱2枚，离生，稍短于雄蕊；子房先端有短柔毛。

**果实和种子**：果实球形，直径5～6毫米，红色，内常具2小核。

**花果期**：花期5～6月，果期8～9月。

# 高山栒子

*Cotoneaster subadpressus*

蔷薇科 Rosaceae | 栒子属 *Cotoneaster*

**植株：**落叶或半常绿矮小灌木，平卧；小枝粗壮，通常灰黑色，幼时密具柔毛，老时无毛。

**叶：**叶片厚，硬革质，近圆形或宽卵形，长和宽各为4～8（～12）毫米，先端圆钝或急尖，基部宽楔形至圆形；幼时上下两面及边缘均具柔毛，老时脱落近无毛，有厚边缘；中脉在上面下陷，下面突起，侧脉不显；叶柄短，长约1～2毫米，幼时有柔毛。

**花：**花通常单生，直径4～6毫米，近无梗或具短梗；萼筒钟状，外面被短柔毛，内面无毛；萼片三角形，先端急尖或钝，外面具稀疏短柔毛，内面无毛或仅先端微有柔毛；花瓣直立，倒卵形或近圆形，长3～4毫米，宽2～3毫米，先端钝，基部有短爪，粉红色；雄蕊10～15枚，比花瓣短；花柱通常2枚，离生，稍短于雄蕊；子房先端具短柔毛。

**果实和种子：**果实卵形，直径5～6毫米，具2小核。

**花果期：**花期5～6月，果期9～10月。

# 云南榅桲

*Docynia delavayi*

**蔷薇科** Rosaceae | **移木衣属** *Docynia*

**植株：** 常绿乔木，高达3～10米，枝条稀疏；小枝粗壮，圆柱形，幼时密被黄白色绒毛，逐渐脱落，红褐色，老枝紫褐色；冬芽卵形，先端渐尖，鳞片外被柔毛。

**叶：** 叶片披针形或卵状披针形，长6～8厘米，宽2～3厘米，先端急尖或渐尖，基部宽楔形或近圆形，全缘或稍有浅钝齿，上面无毛，深绿色，革质，有光泽，下面密被黄白色绒毛；叶柄长约1厘米，密被绒毛；托叶小，披针形，早落。

**花：** 花3～5朵，丛生于小枝顶端；花梗短粗，近于无毛，果期伸长，密被绒毛；苞片膜质，披针形，早落；花直径2.5～3厘米；萼筒钟状，外面密被黄白色绒毛；萼片披针形或三角披针形，长5～8毫米，先端渐尖或急尖，全缘，比萼筒稍短，内外两面均密被绒毛；花瓣宽卵形或长圆倒卵形，长12～15毫米，宽5～8毫米，基部有短爪，白色；雄蕊40～45枚，花丝长短不等，比花瓣短约1/3；花柱5枚，基部合生并密被绒毛，与雄蕊近等长或稍短，柱头棒状。

**果实和种子：** 果实卵形或长圆形，直径2～3厘米，黄色，幼果密被绒毛，成熟后微被绒毛或近于无毛，通常有长果梗，外被绒毛；萼片宿存，直立或合拢。

**花果期：** 花期3～4月，果期5～6月。

## 沧江海棠

*Malus ombrophila*

**蔷薇科** Rosaceae | **苹果属** *Malus*

**植株**：乔木，高达10米；小枝粗壮，圆柱形，嫩时密被短柔毛，老时脱落，暗紫色或紫褐色，具稀疏纵裂皮孔；冬芽卵形，先端钝，近于无毛或仅在鳞片边缘有短柔毛，暗紫色。

**叶**：叶片卵形，长9～13厘米，宽5～6.5厘米，先端渐尖，基部截形、圆形或带心形，边缘有锐利重锯齿，下面具白色绒毛，稀，在幼嫩时上面沿中脉和侧脉疏生短柔毛；叶柄长2～3.5厘米，有绒毛；托叶膜质，线状披针形，先端渐尖，全缘，无毛或近于无毛。

**花**：伞形总状花序，有花4～13朵，花梗长2～2.5厘米，密被柔毛；萼筒钟状，外面密被柔毛；萼片三角形，先端急尖，全缘，长约3毫米，外面密被柔毛，内面无毛或微具柔毛，稍短于萼筒；花瓣卵形，长约8毫米，基部有短爪，白色；雄蕊15～20枚，花丝长短不等，比花瓣稍短；花柱3～5枚，基部无毛，较雄蕊稍长。

**果实和种子**：果实近球形，直径1.5～2厘米，红色，先端有杯状浅洼，萼片永存；果梗长约3厘米，有长柔毛。

**花果期**：花期6月，果期8月。

# 丽江山荆子

*Malus rockii*

**蔷薇科** Rosaceae | **苹果属** *Malus*

**植株**：乔木，高8～10米，枝多下垂；小枝圆柱形，嫩时被长柔毛，逐渐脱落，深褐色，有稀疏皮孔；冬芽卵形，先端急尖，近于无毛或仅在鳞片边缘具短柔毛。

**叶**：叶片椭圆形、卵状椭圆形或长圆卵形，长6～12厘米，宽3.5～7厘米，先端渐尖，基部圆形或宽楔形，边缘有不等的紧贴细锯齿；上面中脉稍带柔毛，下面中脉、侧脉和细脉上均被短柔毛；叶柄长2～4厘米，有长柔毛；托叶膜质，披针形，早落。

**花**：近似伞形花序，具花4～8朵，花梗长2～4厘米，被柔毛；苞片膜质，披针形，早落；花直径2.5～3厘米；萼筒钟形，密被长柔毛；萼片三角披针形，先端急尖或渐尖，全缘，外面有稀疏柔毛或近于无毛，内面密被柔毛，比萼筒稍长或近于等长；花瓣倒卵形，长1.2～1.5厘米，宽5～8厘米，白色，基部有短爪；雄蕊25枚，花丝长短不等，长不及花瓣之半；花柱4～5枚，基部有长柔毛，柱头扁圆，比雄蕊稍长。

**果实和种子**：果实卵形或近球形，直径1～1.5厘米，红色，萼片脱落很迟，萼洼微隆起；果梗长2～4厘米，有长柔毛。

**花果期**：花期5～6月，果期9月。

# 华西小石积

*Osteomeles schwerinae*

**蔷薇科** Rosaceae | **小石积属** *Osteomeles*

**植株**：落叶或半常绿灌木，高达1～3米，枝条开展密集；小枝细弱，圆柱形，微弯曲，幼时密被灰白色柔毛，逐渐脱落无毛，红褐色或紫褐色，多年生枝条黑褐色；冬芽小，扁三角卵形，先端急尖，紫褐色，近于无毛。

**叶**：奇数羽状复叶，具小叶片7～15对，连叶柄长2～4.5厘米，幼时外被绒毛，老时减少；小叶片对生，相距2～4毫米，椭圆形、椭圆长圆形或倒卵状长圆形，长5～10毫米，宽2～4毫米，先端急尖或突尖，基部宽楔形或近圆形，全缘，上下两面疏生柔毛，下面较密，小叶柄极短或近于无柄；叶轴上有窄叶翼，叶柄长3～5毫米，被柔毛；托叶膜质，披针形，有柔毛，早落。

**花**：顶生伞房花序，有花3～5朵，直径2～3厘米；总花梗和花梗均密被灰白色柔毛，花梗长3～8毫米；苞片膜质，线状披针形，被柔毛，早落；花直径约1厘米；萼筒钟状，长约3毫米，外面近于无毛或有散生柔毛；萼片卵状披针形，先端急尖，全缘，与萼筒近等长，外面有柔毛，内面几无毛；花瓣长圆形，长5～7毫米，宽3～4毫米，白色；雄蕊20枚，比花瓣稍短；花柱5枚，基部被长柔毛，柱头头状，比雄蕊稍短。

**果实和种子**：果实卵形或近球形，直径6～8毫米，蓝黑色，具宿存反折萼片；小核5枚，骨质，褐色，椭圆形，三棱，表面粗糙。

**花果期**：花期4～5月，果期7月。

# 短梗稠李

*Padus brachypoda*

**蔷薇科** Rosaceae丨 **稠李属** *Padus*

**植株**：落叶乔木，高 8～10 米，树皮黑色；多年生小枝黑褐色，无毛，有散生浅色皮孔；当年生小枝红褐色，被短绒毛或近无毛；冬芽卵圆形，通常无毛。

**叶**：叶片长圆形，稀椭圆形，长 6～16 厘米，宽 3～7 厘米，先端急尖或渐尖，稀短尾尖，基部圆形或微心形，稀截形，叶边有贴生或开展锐锯齿，齿尖带短芒，上面深绿色，无毛；中脉和侧脉均下陷，下面淡绿色，无毛或在脉腋有髯毛，中脉和侧脉均突起；叶柄长 1.5～2.3 厘米，无毛，顶端两侧各有 1 腺体；托叶膜质，线形，先端渐尖，边缘有带腺锯齿，早落。

**花**：总状花序具有多花，长 16～30 厘米，基部有 1～3 叶，叶片长圆形或长圆披针形，长 5～7 厘米，宽 2～3 厘米；花梗长 5～7 毫米，总花梗和花梗均被短柔毛；花直径 5～7 毫米；萼筒钟状，比萼片稍长，萼片三角状卵形，先端急尖，边有带腺细锯齿，萼筒和萼片外面有疏生短柔毛，内面基部被短柔毛，比花瓣短；花瓣白色，倒卵形，中部以上啮蚀状或波状，基部楔形有短爪；雄蕊 25～27 枚，花丝长短不等，排成不规则 2 轮，着生在花盘边缘，长花丝和花瓣近等长或稍长；雌蕊 1 枚，心皮无毛；柱头盘状，花柱比长花丝短。

**果实和种子**：核果球形，直径 5～7 毫米，幼时紫红色，老时黑褐色，无毛；果梗被短柔毛；萼片脱落，萼筒基部宿存；核光滑。

**花果期**：花期 4～5 月，果期 5～10 月。

# 厚叶石楠

*Photinia crassifolia*

**蔷薇科** Rosaceae | **石楠属** *Photinia*

**植株：**常绿灌木，高 4 ~ 5 米；枝粗壮，幼时有锈色绒毛，老时无毛，棕灰色，皮孔不显著。

**叶：**叶片厚革质，长圆形，长 6 ~ 15 厘米，宽 1.5 ~ 4.5 厘米，先端急尖或圆钝，有短尖头，基部圆形，边缘稍外卷，全缘或有不显明锯齿，上面光亮，无毛，下面干时常带紫色；中脉和侧脉有绒毛，侧脉 15 ~ 17 对，网脉明显；叶柄长 1.5 ~ 2 毫米，有绒毛。

**花：**花多数，成顶生复伞房花序，直径 9 ~ 14 厘米；总花梗和花梗密生绒毛，花梗长 2 ~ 3 毫米；花直径 5 ~ 6 毫米；萼筒钟状，长 1 毫米，外面无毛；萼片三角形，长 0.5 毫米，先端急尖，无毛；花瓣白色，倒卵形，长 2 毫米，先端圆钝，无毛，有极短爪；雄蕊 20 枚，较花瓣短；花柱 2 枚，离生，子房顶端有白色绒毛。

**果实和种子：**果实卵形，长约 6 毫米，直径约 5 毫米，棕红色。

**花果期：**花期 5 月，果期 9 ~ 11 月。

## 球花石楠

*Photinia glomerata*

**蔷薇科** Rosaceae | **石楠属** *Photinia*

**植株**：常绿灌木或小乔木，高 6 ~ 10 米；幼枝密生黄色绒毛，老枝无毛，紫褐色，有多数散生皮孔；冬芽卵形，长 3 ~ 4 毫米，鳞片先端圆钝，外面有短柔毛。

**叶**：叶片革质，长圆形、披针形、倒披针形或长圆披针形，长（5 ~ ）6 ~ 18 厘米，宽 2.5 ~ 6 厘米，先端短渐尖，基部楔形至圆形，常偏斜，边缘微外卷，有具腺内弯锯齿；上面中脉初有绒毛，以后脱落，下面密生黄色绒毛，以后部分或全部脱落，侧脉 12 ~ 20 对；叶柄长 2 ~ 4 厘米，初密生绒毛，后几无毛。

**花**：花多数，密集成顶生复伞房花序，直径 6 ~ 10 厘米，总花梗数次分枝，花近无梗，总花梗、花梗和萼筒外面皆密生黄色绒毛；花直径约 4 毫米，芳香；萼筒杯状，长 1 毫米；萼片卵形，直立，先端急尖，外面有绒毛；花瓣白色，近圆形，直径 2 ~ 2.5 毫米，先端圆钝，内面被疏毛，基部有短爪；雄蕊 20 枚，和花瓣约等长；花柱 2 枚，合生达中部；子房顶端密生绒毛。

**果实和种子**：果实卵形，长 5 ~ 7 毫米，直径 2.5 ~ 3 毫米，红色。

**花果期**：花期 5 月，果期 9 月。

# 刺叶石楠

*Photinia prionophylla*

蔷薇科 Rosaceae | 石楠属 *Photinia*

**植株**：灌木或小乔木，高 1 ~ 2 米；幼枝被灰色短绒毛，老时脱落，近无毛。

**叶**：叶片革质，倒卵形或椭圆倒卵形，长 4.5 ~ 7 厘米，宽 4 ~ 5 厘米，先端圆钝、急尖或渐尖，基部渐狭或楔形，边缘除基部外有刺状锯齿，上面初疏生绒毛，以后近于无毛，下面密生灰色绒毛；中脉在上面陷入，在下面凸起，侧脉 10 ~ 14 对；叶柄粗壮，长 6 ~ 15 毫米，有灰色绒毛；托叶钻形或针状线形，边缘具红色腺体。

**花**：花成顶生复伞房花序，直径 7 ~ 9 厘米，花梗和总花梗密生绒毛；苞片及小苞片钻形，长 2 ~ 2.5 毫米；花直径 7 ~ 9 毫米；萼筒浅杯状，长 2 ~ 3 毫米，外面密生绒毛；萼片三角形，长 1 ~ 2 毫米，先端急尖或钝，边缘有黑色腺体；密生绒毛；花瓣白色，近圆形，直径约 3 毫米，内面有绒毛；雄蕊 20 枚，较花瓣短或与其等长；花柱 2 枚，下部合生；子房密生长绒毛。

**果实和种子**：果实卵形或倒卵形，直径 6 ~ 8 毫米，红色，有绒毛。

**花果期**：花期 5 月，果期 9 ~ 11 月。

# 石 楠

**蔷薇科** Rosaceae | **石楠属** *Photinia*

*Photinia serrulata*

**植株**：常绿灌木或小乔木，高 4 ~ 6 米，有时可达 12 米；枝褐灰色，无毛；冬芽卵形，鳞片褐色，无毛。

**叶**：叶片革质，长椭圆形、长倒卵形或倒卵状椭圆形，长 9 ~ 22 厘米，宽 3 ~ 6.5 厘米，先端尾尖，基部圆形或宽楔形，边缘有疏生具腺细锯齿，近基部全缘，上面光亮；幼时中脉有绒毛，成熟后两面皆无毛，中脉显著，侧脉 25 ~ 30 对；叶柄粗壮，长 2 ~ 4 厘米，幼时有绒毛，以后无毛。

**花**：复伞房花序顶生，直径 10 ~ 16 厘米；总花梗和花梗无毛，花梗长 3 ~ 5 毫米；花密生，直径 6 ~ 8 毫米；萼筒杯状，长约 1 毫米，无毛；萼片阔三角形，长约 1 毫米，先端急尖，无毛；花瓣白色，近圆形，直径 3 ~ 4 毫米，内外两面皆无毛；雄蕊 20 枚，外轮较花瓣长，内轮较花瓣短，花药带紫色；花柱 2 枚，有时为 3 枚，基部合生，柱头头状；子房顶端有柔毛。

**果实和种子**：果实球形，直径 5 ~ 6 毫米，红色，后成褐紫色；有 1 粒种子，种子卵形，长 2 毫米，棕色，平滑。

**花果期**：花期 4 ~5 月，果期 10 月。

## 金露梅

*Potentilla fruticosa*

蔷薇科 Rosaceae | 委陵菜属 *Potentilla*

**植株**：灌木，高 0.5 ~ 2 米，多分枝；树皮纵向剥落；小枝红褐色，幼时被长柔毛。

**叶**：羽状复叶，有小叶 2 对，稀 3 小叶，上面 1 对小叶，基部下延与叶轴汇合；叶柄被绢毛或疏柔毛；小叶片长圆形、倒卵长圆形或卵状披针形，长 0.7 ~ 2 厘米，宽 0.4 ~ 1 厘米，全缘，边缘平坦，顶端急尖或圆钝，基部楔形，两面绿色，疏被绢毛或柔毛或脱落近乎无毛；托叶薄膜质，宽大，外面被长柔毛或脱落。

**花**：单花或数朵生于枝顶，花梗密被长柔毛或绢毛；花直径 2.2 ~ 3 厘米；萼片卵圆形，顶端急尖至短渐尖，副萼片披针形至倒卵状披针形，顶端渐尖至急尖，与萼片近等长，外面疏被绢毛；花瓣黄色，宽倒卵形，顶端圆钝，比萼片长；花柱近基生，棒形，基部稍细，顶部缢缩，柱头扩大。

**果实和种子**：瘦果近卵形，褐棕色，长 1.5 毫米，外被长柔毛。

**花果期**：花果期 6 ~ 9 月。

# 银露梅

**蔷薇科** Rosaceae | **委陵菜属** *Potentilla*

*Potentilla glabra*

**植株**：灌木，高 0.3 ~ 2 米，稀达 3 米；树皮纵向剥落；小枝灰褐色或紫褐色，被稀疏柔毛。

**叶**：叶为羽状复叶，有小叶 2 对，稀 3 小叶，上面 1 对小叶，基部下延与轴汇合，叶柄被疏柔毛；小叶片椭圆形、倒卵椭圆形或卵状椭圆形，长 0.5 ~ 1.2 厘米，宽 0.4 ~ 0.8 厘米，顶端圆钝或急尖，基部楔形或近圆形，边缘平坦或微向下反卷，全缘，两面绿色，被疏柔毛或近无毛；托叶薄膜质，外被疏柔毛或脱落近无毛。

**花**：顶生单花或数朵，花梗细长，被疏柔毛；花直径 1.5 ~ 2.5 厘米；萼片卵形，急尖或短渐尖，副萼片披针形、倒卵披针形或卵形，比萼片短或近等长，外面被疏柔毛；花瓣白色，倒卵形，顶端圆钝；花柱近基生，棒状，基部较细，在柱头下缢缩，柱头扩大。

**果实和种子**：瘦果表面被毛。

**花果期**：花果期 6 ~ 11 月。

## 扁核木

*Prinsepia utilis*

**蔷薇科** Rosaceae | **扁核木属** *Prinsepia*

**植株**：灌木，高 1 ~ 5 米；老枝粗壮，灰绿色，小枝圆柱形，绿色或带灰绿色，有棱条，被褐色短柔毛或近于无毛；枝刺长可达 3.5 厘米，刺上生叶，近无毛；冬芽小，卵圆形或长圆形，近无毛。

**叶**：叶片长圆形或卵状披针形，长 3.5 ~ 9 厘米，宽 1.5 ~ 3 厘米，先端急尖或渐尖，基部宽楔形或近圆形，全缘或有浅锯齿，两面均无毛，上面中脉下陷，下面中脉和侧脉突起；叶柄长约 5 毫米，无毛。

**花**：花多数成总状花序，长 3 ~ 6 厘米，生于叶腋或生于枝刺顶端；花梗长 4 ~ 8 毫米，总花梗和花梗有褐色短柔毛，逐渐脱落；小苞片披针形，被褐色柔毛，脱落；花直径约 1 厘米；萼筒杯状，外面被褐色短柔毛，萼片半圆形或宽卵形，边缘有齿，比萼筒稍长，幼时内外两面有褐色柔毛，边缘较密，以后脱落；花瓣白色，宽倒卵形，先端啮蚀状，基部有短爪；雄蕊多数，以 2 ~ 3 轮着生在花盘上，花盘圆盘状，紫红色；心皮 1 枚，无毛；花柱短，侧生，柱头头状。

**果实和种子**：核果长圆形或倒卵长圆形，长 1 ~ 1.5 厘米，宽约 8 毫米，紫褐色或黑紫色，平滑无毛，被白粉；果梗长 8 ~ 10 毫米，无毛；萼片宿存；核平滑，紫红色。

**花果期**：花期 4 ~ 5 月，果期 8 ~ 9 月。

## 窄叶火棘

蔷薇科 Rosaceae | 火棘属 *Pyracantha*

*Pyracantha angustifolia*

**植株**：常绿灌木或小乔木，高达 4 米；多枝刺，小枝密被灰黄色绒毛，老枝紫褐色，绒毛逐渐减少。

**叶**：叶片窄长圆形至倒披针状长圆形，长 1.5 ~ 5 厘米，宽 4 ~ 8 毫米，先端圆钝而有短尖或微凹，基部楔形，叶边全缘，微向下卷，上面初时有灰色绒毛，逐渐脱落，暗绿色，下面密生灰白色绒毛；叶柄密被绒毛，长 1 ~ 3 毫米。

**花**：复伞房花序，直径 2 ~ 4 厘米，总花梗、花梗、萼筒和萼片均密被灰白色绒毛；萼筒钟状，萼片三角形；花瓣近圆形，直径约 2.5 毫米，白色；雄蕊 20 枚，花丝长 1.5 ~ 2 毫米；花柱 5 枚，与雄蕊等长；子房上具白色绒毛。

**果实和种子**：果实扁球形，直径 5 ~ 6 毫米，砖红色，顶端具宿存萼片。

**花果期**：花期 5 ~ 6 月，果期 10 ~ 12 月。

# 火　棘

*Pyracantha fortuneana*

**蔷薇科** Rosaceae | **火棘属** *Pyracantha*

**植株：** 常绿灌木，高达 3 米；侧枝短，先端成刺状，嫩枝外被锈色短柔毛，老枝暗褐色，无毛；芽小，外被短柔毛。

**叶：** 叶片倒卵形或倒卵状长圆形，长 1.5～6 厘米，宽 0.5～2 厘米，先端圆钝或微凹，有时具短尖头，基部楔形，下延连于叶柄，边缘有钝锯齿，齿尖向内弯，近基部全缘，两面皆无毛；叶柄短，无毛或嫩时有柔毛。

**花：** 花集成复伞房花序，直径 3～4 厘米，花梗和总花梗近于无毛，花梗长约 1 厘米；花直径约 1 厘米；萼筒钟状，无毛；萼片三角卵形，先端钝；花瓣白色，近圆形，长约 4 毫米，宽约 3 毫米；雄蕊 20 枚，花丝长 3～4 毫米，花药黄色；花柱 5 枚，离生，与雄蕊等长；子房上部密生白色柔毛。

**果实和种子：** 果实近球形，直径约 5 毫米，橘红色或深红色。

**花果期：** 花期 3～5 月，果期 8～11 月。

# 木香花

**蔷薇科** Rosaceae | **蔷薇属** *Rosa*

*Rosa banksiae*

**植株**：攀缘小灌木植物，高可达 6 米。小枝圆柱形，无毛，有短小皮刺；老枝上的皮刺较大，坚硬，经栽培后有时枝条无刺。

**叶**：小叶 3～5 枚，稀 7 枚，连叶柄长 4～6 厘米；小叶片椭圆状卵形或长圆披针形，长 2～5 厘米，宽 8～18 毫米，先端急尖或稍钝，基部近圆形或宽楔形，边缘有紧贴细锯齿，上面无毛，深绿色，下面淡绿色，中脉突起，沿脉有柔毛；小叶柄和叶轴有稀疏柔毛和散生小皮刺；托叶线状披针形，膜质，离生，早落。

**花**：花小形，多朵成伞形花序，花直径 1.5～2.5 厘米；花梗长 2～3 厘米，无毛；萼片卵形，先端长渐尖，全缘，萼筒和萼片外面均无毛，内面被白色柔毛；花瓣重瓣至半重瓣，白色，倒卵形，先端圆，基部楔形；心皮多数，花柱离生，密被柔毛，比雄蕊短很多。

**果实和种子**：果球形至卵球形，直径 5～7 毫米，红黄色至黑褐色，萼片脱落。

**花果期**：花期 4～5 月，果期 9～10 月。

## 丽江蔷薇

*Rosa lichiangensis*

蔷薇科 Rosaceae | 蔷薇属 *Rosa*

**植株**：攀缘小灌木，高约 2 米；小枝圆柱形，细弱，散生短粗、稍弯曲的皮刺。

**叶**：小叶 3 ~ 5 枚，连叶柄长 3 ~ 5 厘米；小叶片椭圆形或倒卵形，长 1 ~ 2.3 厘米，宽 5 ~ 13毫米，先端急尖或圆钝，基部楔形或宽楔形，稀近圆形，边缘有尖锐单锯齿，幼时齿尖常带腺体，上面无毛，下面有稀疏柔毛或近无毛，叶脉突起；小叶柄和叶轴有柔毛和散生小皮刺；托叶大部贴生于叶柄，离生部分披针形，先端长渐尖，下面有柔毛，全缘，边缘常有稀疏腺毛。

**花**：花 2 ~ 4 朵排成伞形伞房状；花梗长 1 ~ 1.5 厘米，无毛或有少数腺毛；花直径 2.5 ~ 3厘米，萼筒和萼片外面无毛或有少数腺毛，萼片卵状披针形，先端长渐尖，常有 1 ~ 2 对带形小裂片，边缘有腺毛；内面密被柔毛；花瓣粉红色，倒卵形，先端微凹，基部宽楔形；雄蕊多数；花柱结合成柱，密被柔毛，外伸，约与雄蕊等长。

**果实和种子**：果未见。

**花果期**：花期 4 ~ 6 月。

# 长尖叶蔷薇

*Rosa longicuspis*

**蔷薇科** Rosaceae | **蔷薇属** *Rosa*

**植株**：攀缘灌木植物，高1.5～3米；枝弓曲，常有短粗钩状皮刺。

**叶**：小叶革质，7～9枚，近花序的小叶常为5枚，连叶柄长7～14厘米；小叶片卵形、椭圆形或卵状长圆形，稀倒卵状长圆形，长3～7（～11）厘米，宽1～3.5（～5）厘米，先端渐尖或长渐尖，基部近圆形或宽楔形，边缘有尖锐锯齿，两面无毛，上面有光泽，下面中脉突起；小叶柄和叶轴均无毛，有散生小钩状皮刺；托叶大部贴生于叶柄，离生部分披针形，无毛，常有腺毛。

**花**：花多数，排成伞房状，花梗长1.5～3.5厘米，有稀疏柔毛和较密腺毛；花直径3～4（～5）厘米；萼筒卵球形至倒卵球形，外被稀疏柔毛；萼片披针形，先端长渐尖，全缘或有羽裂片，内外两面均被柔毛，外面并有腺毛；花瓣白色，宽倒卵形，先端凹凸不平，基部宽楔形，外面有平铺绢毛；花柱结合成柱，有毛，比雄蕊稍长。

**果实和种子**：果实倒卵球形，直径1～1.2厘米，暗红色，萼片反折，成熟时萼片脱落，花柱宿存。

**花果期**：花期5～7月，果期7～11月。

## 峨眉蔷薇

*Rosa omeiensis*

**蔷薇科** Rosaceae | **蔷薇属** *Rosa*

**植株：**直立灌木植物，高 3～4 米；小枝细弱，无刺或有扁而基部膨大皮刺，幼嫩时常密被针刺或无针刺。

**叶：**小叶 9～13（～17）枚，连叶柄长 3～6 厘米；小叶片长圆形或椭圆状长圆形，长 8～30毫米，宽 4～10 毫米，先端急尖或圆钝，基部圆钝或宽楔形，边缘有锐锯齿，上面无毛，中脉下陷，下面无毛或在中脉有疏柔毛，中脉突起；叶轴和叶柄有散生小皮刺；托叶大部贴生于叶柄，顶端离生部分呈三角状卵形，边缘有齿或全缘，有时有腺。

**花：**花单生于叶腋，无苞片；花梗长 6～20 毫米，无毛；花直径 2.5～3.5 厘米；萼片 4 枚，披针形，全缘，先端渐尖或长尾尖，外面近无毛，内面有稀疏柔毛；花瓣 4 枚，白色，倒三角状卵形，先端微凹，基部宽楔形；花柱离生，被长柔毛，比雄蕊短很多。

**果实和种子：**果倒卵球形或梨形，直径 8～15 毫米，亮红色，果成熟时果梗肥大，萼片直立宿存。

**花果期：**花期 5～6 月，果期 7～9 月。

# 绢毛蔷薇

*Rosa sericea*

**蔷薇科** Rosaceae | **蔷薇属** *Rosa*

**植株**：直立灌木，高 1 ~ 2 米；枝粗壮，弓形；皮刺散生或对生，基部稍膨大，有时密生针刺。

**叶**：小叶（5 ~ ）7 ~ 11 枚，连叶柄长 3.5 ~ 8 厘米；小叶片卵形或倒卵形，稀倒卵长圆形，长 8 ~ 20 毫米，宽 5 ~ 8 毫米，先端圆钝或急尖，基部宽楔形，边缘仅上半部有锯齿，基部全缘，上面无毛，有褶皱，下面被丝状长柔毛；叶轴、叶柄有极稀疏皮刺和腺毛；托叶大部贴生于叶柄，仅顶端部分离生，呈耳状，有毛或无毛，边缘有腺。

**花**：花单生于叶腋，无苞片；花梗长 1 ~ 2 厘米，无毛；花直径 2.5 ~ 5 厘米；萼片卵状披针形，先端渐尖或急尖，全缘，外面有稀疏柔毛或近于无毛，内面有长柔毛；花瓣白色，宽倒卵形，先端微凹，基部宽楔形；花柱离生，被长柔毛，稍伸出萼筒口外，比雄蕊短。

**果实和种子**：果倒卵球形或球形，直径 8 ~ 15 毫米，红色或紫褐色，无毛，有宿存直立萼片。

**花果期**：花期 5 ~ 6 月，果期 7 ~ 8 月。

# 钝叶蔷薇

*Rosa sertata*

蔷薇科 Rosaceae | 蔷薇属 *Rosa*

**植株**：灌木，高1～2米；小枝圆柱形，细弱，无毛，散生直立皮刺或无刺。

**叶**：小叶7～11枚，连叶柄长5～8厘米，小叶片广椭圆形至卵状椭圆形，长1～2.5厘米，宽7～15毫米，先端急尖或圆钝，基部近圆形，边缘有尖锐单锯齿，近基部全缘，两面无毛，或下面沿中脉有稀疏柔毛，中脉和侧脉均突起；小叶柄和叶轴有稀疏柔毛、腺毛和小皮刺；托叶大部贴生于叶柄，离生部分耳状，卵形，无毛，边缘有腺毛。

**花**：花单生或3～5朵，排成伞房状；小苞片1～3枚，苞片卵形，先端短渐尖，边缘有腺毛，无毛；花梗长1.5～3厘米，花梗和萼筒无毛，或有稀疏腺毛；花直径2～3.5厘米（据记载有达5～6厘米者）；萼片卵状披针形，先端延长成叶状，全缘，外面无毛，内面密被黄白色柔毛，边缘较密；花瓣粉红色或玫瑰色，宽倒卵形，先端微凹，基部宽楔形，比萼片短；花柱离生，被柔毛，比雄蕊短。

**果实和种子**：果卵球形，顶端有短颈，长1.2～2厘米，直径约1厘米，深红色。

**花果期**：花期6月，果期8～10月。

# 川滇蔷薇

**蔷薇科** Rosaceae | **蔷薇属** *Rosa*

*Rosa soulieana*

**植株**：直立开展灌木，高 2 ~ 4 米；枝条开展，圆柱形，常弓形弯曲，无毛；小枝常带苍白绿色；皮刺基部膨大，直立或稍弯曲。

**叶**：小叶 5 ~ 9 枚，常 7 枚，连叶柄长 3 ~ 8 厘米，小叶片椭圆形或倒卵形，长 1 ~ 3 厘米，宽 7 ~ 20 毫米，先端圆钝、急尖或截形，基部近圆形或宽楔形，边缘有紧贴锯齿，近基部常全缘，上面中脉下陷，无毛，下面叶脉突起，无毛或沿中脉有短柔毛；叶柄有稀疏小皮刺，无毛或有稀疏柔毛；托叶大部贴生于叶柄，离生部分极短，三角形，全缘，有时具腺。

**花**：花成多花伞房花序，稀单花顶生，直径 3 ~ 4 厘米；花梗长不到 1 厘米，有小苞片，花梗和萼筒无毛，有时具腺毛；花直径 3 ~ 3.5 厘米；萼片卵形，先端渐尖，全缘，基部带有 1 ~ 2 枚裂片，外面有稀疏短柔毛，内面密被短柔毛；花瓣黄白色，倒卵形，先端微凹，基部楔形；心皮多数，密被柔毛；花柱结合成柱，伸出，被毛，比雄蕊稍长。

**果实和种子**：果实近球形至卵球形，直径约 1 厘米，橘红色，老时变为黑紫色，有光泽；花柱宿存；萼片脱落；果梗长可达 1.5 厘米。

**花果期**：花期 5 ~ 7 月，果期 8 ~ 9 月。

# 粉枝莓

*Rubus biflorus*

**蔷薇科** Rosaceae | **悬钩子属** *Rubus*

**植株**：攀缘灌木，高 1～3 米；枝紫褐色至棕褐色，无毛，具白粉霜，疏生粗壮钩状皮刺。

**叶**：小叶常 3 枚，稀 5 枚，长 2.5～5 厘米，宽 1.5～4（～5）厘米，顶生小叶宽卵形或近圆形，侧生小叶卵形或椭圆形，顶端急尖或短渐尖，基部宽楔形至圆形，上面伏生柔毛，下面密被灰白色或灰黄色绒毛，沿中脉有极稀疏小皮刺，边缘具不整齐粗锯齿或重锯齿，顶生小叶边缘常 3 裂；叶柄长 2～4（～5）厘米，顶生小叶柄长 1～2.5 厘米，侧生小叶近无柄，均无毛或位于侧生小枝基部之叶柄具疏柔毛和疏腺毛，疏生小皮刺；托叶狭披针形，常具柔毛和少数腺毛，位于侧生小枝基部之托叶，其边缘具稀疏腺毛。

**花**：花 2～8 朵，生于侧生小枝顶端的花较多，常 4～8 朵簇生或成伞房状花序，腋生者花较少，通常 2～3 朵簇生；花梗长 2～3 厘米，无毛，疏生小皮刺；苞片线形或狭披针形，常无毛，稀有疏柔毛；花直径 1.5～2 厘米；花萼外面无毛；萼片宽卵形或圆卵形，宽 5～7 毫米，顶端急尖并具针状短尖头，花时直立开展，果时包于果实；花瓣近圆形，白色，直径 7～8 毫米，比萼片长得多；花丝线形或基部稍宽；花柱基部及子房顶部密被白色绒毛。

**果实和种子**：果实球形，包于萼内，直径 1～1.5（～2）厘米，黄色，无毛，或顶端常有具绒毛的残存花柱；核肾形，具细密皱纹。

**花果期**：花期 5～6 月，果期 7～8 月。

# 川　梨

蔷薇科 Rosaceae | 梨属 *Pyrus*

*Pyrus pashia*

**植株**：乔木，高达 12 米，常具枝刺；小枝圆柱形，幼嫩时有绵状毛，以后脱落，二年生枝条紫褐色或暗褐色；冬芽卵形，先端圆钝，鳞片边缘有短柔毛。

**叶**：叶片卵形至长卵形，稀椭圆形，长 4～7 厘米，宽 2～5 厘米，先端渐尖或急尖，基部圆形，稀宽楔形，边缘有钝锯齿，在幼苗或萌蘖上的叶片常具分裂并有尖锐锯齿，幼嫩时有绒毛，以后脱落；叶柄长 1.5～3 厘米；托叶膜质，线状披针形，不久即脱落。

**花**：伞形总状花序，具花 7～13 朵，直径 4～5 厘米，总花梗和花梗均密被绒毛，逐渐脱落，果期无毛，或近于无毛，花梗长 2～3 厘米；苞片膜质，线形，长 8～10 毫米，两面均被绒毛；花直径 2～2.5 厘米；萼筒杯状，外面密被绒毛；萼片三角形，长 3～6 毫米，先端急尖，全缘，内外两面均被绒毛；花瓣倒卵形，长 8～10 毫米，宽 4～6 毫米，先端圆或啮齿状，基部具短爪，白色；雄蕊 25～30 枚，稍短于花瓣；花柱 3～5 枚，无毛。

**果实和种子**：果实近球形，直径 1～1.5 厘米，褐色，有斑点；萼片早落；果梗长 2～3 厘米。

**花果期**：花期 3～4 月，果期 8～9 月。

## 毛叶鲜卑花

*Sibiraea tomentosa*

蔷薇科 Rosaceae | 鲜卑花属 *Sibiraea*

**植株**：灌木，高约1米；小枝圆柱形稍弯曲，幼时紫红色，具绢状柔毛，逐渐脱落，老时无毛，黑褐色；冬芽长卵形，无毛，有2～4枚外露鳞片。

**叶**：叶互生，稍带革质，密集在枝条顶端，长圆倒卵形至倒披针形，长5～7厘米，宽2～2.5厘米，先端急尖，基部下延呈楔形，全缘，幼叶上下两面均密被白色绢状绒毛，逐渐脱落，老叶仅下面有稀疏绒毛，中脉明显，侧脉3～5对，不具叶柄与托叶。

**花**：顶生密集穗状圆锥花序，直径3～4.5厘米，花梗长约2毫米，总花梗和花梗均被稀疏长柔毛；苞片小，披针形，先端钝，全缘，长约2毫米，微被柔毛；花直径5～8毫米；雄花萼筒浅钟状，外被稀疏长柔毛；萼片三角形至宽三角形，先端急尖，全缘，内外两面均有稀疏柔毛；花瓣匙形，先端钝，浅黄白色；雄蕊20～25枚，稍长于花瓣，着生在萼筒边缘；花盘环状，具10枚裂片；心皮5枚，在雄花中不发育。

**果实和种子**：蓇葖果5个，直立，腹缝有柔毛，褐色，光亮。

**花果期**：花期6月，果期8月。

# 高丛珍珠梅

**蔷薇科** Rosaceae | **珍珠梅属** *Sorbaria*

*Sorbaria arborea*

**植株**：落叶灌木，高达 6 米；枝条开展，小枝圆柱形，稍有棱角，幼时黄绿色，微被星状毛或柔毛，老时暗红褐色，无毛；冬芽卵形或近长圆形，先端圆钝，紫褐色，具数枚外露鳞片，外被绒毛。

**叶**：羽状复叶，小叶片 13 ~ 17 枚，连叶柄长 20 ~ 32 厘米，微被短柔毛或无毛；小叶片对生，相距 2.5 ~ 3.5 厘米，披针形至长圆披针形，长 4 ~ 9 厘米，宽 1 ~ 3 厘米，先端渐尖，基部宽楔形或圆形，边缘有重锯齿，上下两面无毛或下面微具星状绒毛，羽状网脉，侧脉 20 ~ 25对，下面显著；小叶柄短或几无柄；托叶三角卵形，长 8 ~ 10 毫米，宽 4 ~ 5 毫米，先端渐尖，基部宽楔形，两面无毛或近于无毛。

**花**：顶生大型圆锥花序，分枝开展，直径 15 ~ 25 厘米，长 20 ~ 30 厘米，花梗长 2 ~ 3 毫米，总花梗与花梗微具星状柔毛；苞片线状披针形至披针形，长 4 ~ 5 毫米，微被短柔毛；花直径 6 ~ 7 毫米；萼筒浅钟状，内外两面无毛，萼片长圆形至卵形，先端钝，稍短于萼筒；花瓣近圆形，先端钝，基部楔形，长 3 ~ 4 毫米，白色；雄蕊 20 ~ 30 枚，着生在花盘边缘，约长于花瓣 1.5 倍；心皮 5 枚；无毛，花柱长不及雄蕊的一半。

**果实和种子**：蓇葖果圆柱形，无毛，长约 3 毫米，花柱在顶端稍下方向外弯曲；萼片宿存，反折，果梗弯曲，果实下垂。

**花果期**：花期 6 ~ 7 月，果期 9 ~ 10 月。

# 冠萼花楸

*Sorbus coronata*

**蔷薇科** Rosaceae | **花楸属** *Sorbus*

**植株**：乔木，高达 10 米；小枝圆柱形，具显著皮孔，嫩枝密被绒毛，逐渐脱落，二年生枝紫褐色，无毛；冬芽长卵形，外被数枚红褐色鳞片。

**叶**：叶片长圆椭圆形、长圆卵形至卵状披针形，长 8 ~ 13 厘米，宽 4 ~ 6 厘米，先端渐尖，基部宽楔形至圆形，边缘有不整齐细锯齿或重锯齿，齿边微向下卷，上面深绿色，无毛，下面密被灰白色绒毛，中脉和侧脉上初期被绒毛，以后逐渐脱落，侧脉 12 ~ 16 对，直达叶边齿尖；叶柄长 1 ~ 2 厘米，具稀疏绒毛或近无毛。

**花**：复伞房花序具花 20 ~ 30 朵，长 3 ~ 4 厘米；总花梗和花梗均密被灰白色绒毛，花梗长 3 ~ 5 毫米；萼筒钟状，外面密被灰白色绒毛，内面近无毛；萼片卵状三角形，先端急尖，外面被稀疏灰白色绒毛，内面无毛；花瓣倒卵形或近圆形，长约 3 ~ 4 毫米，宽几与长相等，先端圆钝，白色，内面稍具绒毛；雄蕊约 20 枚，几与花瓣等长；花柱 2 ~ 3 枚，基部合生，微具柔毛或近无毛，短于雄蕊。

**果实和种子**：果实近球形，直径 8 ~ 10 毫米，红色，具斑点，2 ~ 3 室，幼时微被绒毛，先端萼片宿存，呈短筒状。

**花果期**：花期 4 ~ 5 月，果期 8 ~ 9 月。

# 湖北花楸

**蔷薇科** Rosaceae | **花楸属** *Sorbus*

*Sorbus hupehensis*

**植株**：乔木，高5~10米；小枝圆柱形，暗灰褐色，具少数皮孔，幼时微被白色绒毛，不久脱落；冬芽长卵形，先端急尖或短渐尖，外被数枚红褐色鳞片，无毛。

**叶**：奇数羽状复叶，连叶柄共长10~15厘米，叶柄长1.5~3.5厘米；小叶片4~8对，间隔0.5~1.5厘米，基部和顶端的小叶片较中部的稍长，长圆披针形或卵状披针形，长3~5厘米，宽1~1.8厘米，先端急尖、圆钝或短渐尖，边缘有尖锐锯齿，近基部1/3或1/2几为全缘；上面无毛，下面沿中脉有白色绒毛，逐渐脱落无毛，侧脉7~16对，几乎直达叶边锯齿；叶轴上面有沟，初期被绒毛，以后脱落；托叶膜质，线状披针形，早落。

**花**：复伞房花序具多数花朵，总花梗和花梗无毛或被稀疏白色柔毛，花梗长3~5毫米；花直径5~7毫米；萼筒钟状，外面无毛，内面近无毛；萼片三角形，先端急尖，外面无毛，内面近先端微具柔毛；花瓣卵形，长3~4毫米，宽约3毫米，先端圆钝，白色；雄蕊20枚，长约为花瓣的1/3；花柱4~5枚，基部有灰白色柔毛，稍短于雄蕊或几与雄蕊等长。

**果实和种子**：果实球形，直径5~8毫米，白色，有时带粉红晕，先端具宿存闭合萼片。

**花果期**：花期5~7月，果期8~9月。

# 西康花楸

*Sorbus prattii*

**蔷薇科** Rosaceae | **花楸属** *Sorbus*

**植株**：灌木，高 2 ~ 4 米；小枝细弱，圆柱形，暗灰色，具少数不明显的皮孔，老时无毛；冬芽较小，卵形，先端急尖，具数枚暗红褐色鳞片，外被稀疏棕褐色短柔毛。

**叶**：奇数羽状复叶，连叶柄共长 8 ~ 15 厘米，叶柄长 1 ~ 2 厘米；小叶片 9 ~ 13（~ 17）对，间隔 6 ~ 10 毫米，长圆形，稀长圆卵形，长 1.5 ~ 2.5 厘米，宽 5 ~ 8 毫米，先端圆钝或急尖，基部偏斜圆形，边缘仅上半部或 2/3 以上部分有尖锐细锯齿，每侧齿数 5 ~ 10 枚，其余部分近全缘，上面深绿色，无毛，下面密被乳头状突起，沿中脉有稀疏柔毛；叶轴有窄翅，具稀疏柔毛或近于无毛，上面具沟；托叶草质或近于膜质，披针形，有时分裂，脱落。

**花**：复伞房花序多着生在侧生短枝上，排列疏松，总花梗和花梗有稀疏白色或黄色柔毛，成长时逐渐脱落，至果期几无毛，花梗长 2 ~ 3 毫米；萼筒钟状，内外两面均无毛；萼片三角形，先端圆钝，外面无毛，内面微具柔毛；花瓣宽卵形，长约 5 毫米，宽 4 毫米，先端圆钝，白色，无毛；雄蕊 20 枚，长约为花瓣之半；花柱 5 或 4 枚，几与雄蕊等长，基部无毛或微具柔毛。

**果实和种子**：果实球形，直径约 7 ~ 8 毫米，白色，先端有宿存闭合萼片。

**花果期**：花期 5 ~ 6 月，果期 9 月。

# 西南花楸

*Sorbus rehderiana*

**蔷薇科** Rosaceae | **花楸属** *Sorbus*

**植株**：灌木或小乔木，高 3 ~ 8 米；小枝粗壮，圆柱形，暗灰褐色或暗红褐色，具皮孔，无毛；冬芽长卵形，先端渐尖，外被数枚暗红褐色鳞片，无毛或鳞片边缘有锈褐色柔毛。

**叶**：奇数羽状复叶，连叶柄共长 10 ~ 15 厘米，叶柄长 1 ~ 2.5 厘米；小叶片 7 ~ 9（~10）对，间隔 1 ~ 1.5 厘米，基部的小叶片稍小，长圆形至长圆披针形，长 2.5 ~ 5 厘米，宽 1 ~ 1.5 厘米，先端通常急尖或圆钝，基部偏斜圆形或宽楔形，边缘自近基部 1/3 以上有细锐锯齿，齿尖内弯，每侧锯齿 10 ~ 20 枚，其余部分全缘，幼时上下两面均被稀疏柔毛，成长时脱落或仅下面沿中脉残留少许柔毛；叶轴无毛或有少数柔毛，上面具浅沟；托叶近草质，披针形，花后脱落。

**花**：复伞房花序具密集的花朵，总花梗和花梗上均有稀疏锈褐色柔毛，成长时逐渐脱落，至果实成熟时几无毛；花梗极短，长约 1 ~ 2 毫米；萼筒钟状，内外两面均无毛；萼片三角形，先端圆钝，外面无毛，内面微具锈褐色柔毛；花瓣宽卵形或椭圆卵形，长 3 ~ 4（~5）毫米，宽 2.5 ~ 3.5 毫米，先端圆钝，白色，无毛；雄蕊 20 枚，稍短于花瓣；花柱 5 枚，稀 4 枚，几与雄蕊等长或稍长，基部微具柔毛。

**果实和种子**：果实卵形，直径 6 ~ 8 毫米，粉红色至深红色，先端有宿存闭合萼片。

**花果期**：花期 6 月，果期 9 月。

# 康藏花楸

*Sorbus thibetica*

**蔷薇科** Rosaceae | **花楸属** *Sorbus*

**植株**：乔木，高达 7 米；小枝粗壮，有少数皮孔，幼时被白色绒毛，逐渐脱落；冬芽长大，卵形，外有数枚深红褐色鳞片，无毛。

**叶**：叶片椭圆卵形、椭圆倒卵形或长椭圆形，长 9～15 厘米，宽 4～8 厘米，先端急尖或短渐尖，基部下延为楔形，稀近圆形，边缘有不整齐的浅重锯齿，齿边微向下卷并有短尖头；上面深绿色，无毛，下面被灰白色绒毛，侧脉 13～16 对，直达叶边锯齿；叶柄扁而宽，长 3～10 毫米，被灰白色绒毛。

**花**：复伞房花序有花 20～30 朵，总花梗和花梗均被灰白色绒毛；花梗长 5～9 毫米；花直径可达 1 厘米；萼筒钟状，外面密被灰白色绒毛，内面近无毛；萼片三角披针形，先端长渐尖，外面近无毛，内面先端微具柔毛；花瓣匙形或长倒卵形，长约 6 毫米，宽 4 毫米，白色，先端圆钝，内面近先端处具灰白色绒毛；雄蕊约 15～20 枚，稍短于花瓣；花柱 2 枚，基部合生，无毛。

**果实和种子**：果实卵形，直径 7～10 毫米，长 9～12 毫米，深红色，有少数斑点，2 室，先端萼片宿存。

**花果期**：花期 6～7 月，果期 9～10 月。

# 川滇花楸

**蔷薇科** Rosaceae | **花楸属** *Sorbus*

*Sorbus vilmorinii*

**植株**：灌木或小乔木，高达 6 米；小枝细弱，圆柱形，二年生枝暗黑灰色，微具柔毛，有皮孔，嫩枝密被锈褐色短柔毛；冬芽卵形，先端渐尖或急尖，具数枚褐色鳞片，外被锈褐色柔毛。

**叶**：奇数羽状复叶，连叶柄长 10 ~ 18 厘米，叶柄长 1.2 ~ 2 厘米；小叶片 9 ~ 13 对，间隔 6 ~ 12 毫米，长圆形或长椭圆形，长 1.5 ~ 2.5 厘米，宽 5 ~ 9 毫米，先端急尖，基部宽楔形或圆形，边缘每侧有 4 ~ 8 枚细锐锯齿或仅在先端有少数细锯齿，中部以下或近基部全缘，上面无毛，下面灰绿色，在中脉上有锈褐色短柔毛；叶轴微具窄翅，上面有沟，下面有锈褐色短柔毛；托叶钻形，膜质，早落。

**花**：复伞房花序较小，总花梗和花梗均密被锈褐色短柔毛；花梗长 1.5 ~ 3 毫米；萼筒钟状，外被锈褐色短柔毛，内面无毛；萼片三角卵形，先端圆钝，内外两面均微被锈褐色短柔毛；花瓣卵形或近圆形，长 3 ~ 3.5 毫米，宽 2.5 ~ 3 毫米，先端圆钝，白色，内面微具柔毛；雄蕊 20 枚，短于花瓣约 1 半；花柱 5 枚，稍长于雄蕊或几与雄蕊等长，无毛。

**果实和种子**：果实球形，直径约 8 毫米，淡红色，先端萼片宿存闭合。

**花果期**：花期 6 ~ 7 月，果期 9 月。

## 丽江绣线菊

*Spiraea lichiangensis*

蔷薇科 Rosaceae | 绣线菊属 *Spiraea*

**植株**：灌木，高 1.2 ~1.8 米，小枝细弱，无毛，淡褐色，光亮；一年生枝紫色，无毛；冬芽小，先端急尖，具白色长柔毛。

**叶**：叶片宽卵形，长 2.5 ~3.5 厘米，宽 1.8 ~2.5 厘米，上半部有不显明三角形钝锯齿，基部圆形，全缘，两面无毛；上面绿色，下面淡绿，具细密小乳头状突起，网脉明显；叶柄细弱，长 3 ~5 毫米，无毛。

**花**：花序伞房状，有花 5 ~ 10 朵，无毛，位于有叶片的小枝顶端；花梗长 1 ~ 15 厘米；花白色，直径 1.2 厘米；萼筒无毛，长约 2 毫米；萼片三角形，先端急尖，长约 1 毫米；花瓣圆形，直径约 5 毫米；雄蕊 40 ~50 枚，长于花瓣；心皮长约 1 毫米，无毛；花柱顶生，长约 4 毫米，柱头头状。

**果实和种子**：蓇葖果开张。

**花果期**：花期 2 ~3 月，果期 4 ~5 月。

# 川滇绣线菊

*Spiraea schneideriana*

**蔷薇科** Rosaceae | **绣线菊属** *Spiraea*

**植株**：灌木，高1～2米；枝条开展，小枝有棱角，幼时被细长柔毛，暗褐色，以后毛逐渐脱落，老枝灰褐色，无毛；冬芽卵形，先端稍钝或急尖，具数枚褐色鳞片，幼时外面被柔毛。

**叶**：叶片卵至卵状长圆形，长8～15毫米，宽5～7毫米，先端圆钝或微急尖，基部楔形至圆形，全缘，稀先端有少数锯齿，两面无毛或沿叶缘有细长柔毛，叶脉不显著，有时基部具3脉；叶柄长1～2毫米，常无毛。

**花**：复伞房花序着生在侧生小枝顶端，外被短柔毛或近于无毛，具多数花朵；花梗长4～9毫米；苞片披针形，先端急尖，基部楔形，全缘，微被柔毛；花直径5～6毫米；萼筒钟状，内外两面均被细柔毛；萼片卵状三角形，先端急尖，外面近无毛，内面具短柔毛；花瓣圆形至卵形，先端圆钝或微凹，白色，长2～2.5毫米，宽约2毫米；雄蕊20枚，比花瓣稍长；花盘圆环形，具10个裂片，裂片先端有时微凹；子房微被细柔毛，花柱短于雄蕊。

**果实和种子**：蓇葖果开张，无毛或仅沿腹缝微被柔毛，花柱生于背部先端，近直立或稍倾斜开展，萼片直立。

**花果期**：花期5～6月，果期7～9月。

# 红果树

*Stranvaesia davidiana*

**蔷薇科** Rosaceae | **红果树属** *Stranvaesia*

**植株**：灌木或小乔木，高达1~10米；枝条密集，小枝粗壮，圆柱形，幼时密被长柔毛，逐渐脱落，当年枝条紫褐色，老枝灰褐色，有稀疏不显明皮孔；冬芽长卵形，先端短渐尖，红褐色，近于无毛或在鳞片边缘有短柔毛。

**叶**：叶片长圆形、长圆披针形或倒披针形，长5~12厘米，宽2~4.5厘米，先端急尖或突尖，基部楔形至宽楔形，全缘，上面中脉下陷，沿中脉被灰褐色柔毛，下面中脉突起，侧脉8~16对，不明显，沿中脉有稀疏柔毛；叶柄长1.2~2厘米，被柔毛，逐渐脱落；托叶膜质，钻形，长5~6毫米，早落。

**花**：复伞房花序，直径5~9厘米，密具多花；总花梗和花梗均被柔毛，花梗短，长2~4毫米；苞片与小苞片均膜质，卵状披针形，早落；花直径5~10毫米；萼筒外面有稀疏柔毛；萼片三角卵形，先端急尖，全缘，长2~3毫米，长不及萼筒之半，外被少数柔毛；花瓣近圆形，直径约4毫米，基部有短爪，白色；雄蕊20枚，花药紫红色；花柱5枚，大部分联合，柱头头状，比雄蕊稍短；子房顶端被绒毛。

**果实和种子**：果实近球形，橘红色，直径7~8毫米；萼片宿存，直立；种子长椭圆形。

**花果期**：花期5~6月，果期9~10月。

# 披针叶胡颓子

胡颓子科 Elaeagnaceae | 胡颓子属 *Elaeagnus*

*Elaeagnus lanceolata*

**植株**：常绿直立或蔓状灌木，高 4 米，无刺或老枝上具粗而短的刺；幼枝淡黄白色或淡褐色，密被银白色和淡黄褐色鳞片，老枝灰色或灰黑色，圆柱形；芽锈色。

**叶**：叶革质，披针形或椭圆状披针形至长椭圆形，长 5 ~ 14 厘米，宽 1.5 ~ 3.6 厘米，顶端渐尖，基部圆形，稀阔楔形，边缘全缘，反卷；上面幼时被褐色鳞片，成熟后脱落，具光泽，干燥后褐色，下面银白色，密被银白色鳞片和鳞毛，散生少数褐色鳞片，侧脉 8 ~ 12 对，与中脉开展成 45 度的角，上面显著，下面不甚明显；叶柄长 5 ~ 7 毫米，黄褐色。

**花**：花淡黄白色，下垂，密被银白色和散生少褐色鳞片和鳞毛，常 3 ~ 5 朵花簇生叶腋短小枝上成伞形总状花序；花梗纤细，锈色，长 3 ~ 5 毫米；萼筒圆筒形，长 5 ~ 6 毫米；在子房上骤收缩，裂片宽三角形，长 2.5 ~ 3 毫米，顶端渐尖，内面疏生白色星状柔毛；包围子房的萼管椭圆形，长 2 毫米，被褐色鳞片；雄蕊的花丝极短或几无，花药椭圆形，长 1.5 毫米，淡黄色；花柱直立，几无毛或疏生极少数星状柔毛，柱头长 2 ~ 3 毫米，达裂片的 2/3。

**果实和种子**：果实椭圆形，长 12 ~ 15 毫米，直径 5 ~ 6 毫米，密被褐色或银白色鳞片，成熟时红黄色；果梗长 3 ~ 6 毫米。

**花果期**：花期 8 ~ 10 月，果期翌年 4 ~ 5 月。

# 牛奶子

*Elaeagnus umbellata*

**胡颓子科** Elaeagnaceae | **胡颓子属** *Elaeagnus*

**植株**：落叶直立灌木，高1～4米，具长1～4厘米的刺；小枝甚开展，多分枝，幼枝密被银白色和少数黄褐色鳞片，有时全被深褐色或锈色鳞片，老枝鳞片脱落，灰黑色；芽银白色或褐色至锈色。

**叶**：叶纸质或膜质，椭圆形至卵状椭圆形或倒卵状披针形，长3～8厘米，宽1～3.2厘米，顶端钝形或渐尖，基部圆形至楔形，边缘全缘或皱卷至波状，上面幼时具白色星状短柔毛或鳞片，成熟后全部或部分脱落，干燥后淡绿色或黑褐色，下面密被银白色和散生少数褐色鳞片，侧脉5～7对，两面均略明显；叶柄白色，长5～7毫米。

**花**：花较叶先开放，黄白色，芳香，密被银白色盾形鳞片，1～7朵花簇生新枝基部，单生或成对生于幼叶腋；花梗白色，长3～6毫米；萼筒圆筒状漏斗形，稀圆筒形，长5～7毫米，在裂片下面扩展，向基部渐窄狭，在子房上略收缩，裂片卵状三角形，长2～4毫米，顶端钝尖，内面几无毛或疏生白色星状短柔毛；雄蕊的花丝极短，长约为花药的一半，花药矩圆形，长约1.6毫米；花柱直立，疏生少数白色星状柔毛和鳞片，长6.5毫米，柱头侧生。

**果实和种子**：果实呈球形或卵圆形，长5～7毫米，幼时绿色，被银白色或有时全被褐色鳞片，成熟时红色；果梗直立，粗壮，长4～10毫米。

**花果期**：花期4～5月，果期7～8月。

# 勾儿茶

**鼠李科** Rhamnaceae | **勾儿茶属** *Berchemia*

*Berchemia sinica*

**植株：**藤状或直立灌木，稀小乔木；幼枝常无毛，老枝平滑，无托叶刺。

**叶：**叶互生，纸质或近革质，全缘，具羽状平行脉，侧脉每边4～18条；托叶基部合生，宿存，稀脱落。

**花：**花序顶生或兼腋生，通常由1至数花簇生排成无总梗或具短总花梗，稀具长总花梗的聚伞总状或聚伞圆锥花序，稀1～3花腋生；花两性，具梗，无毛；萼筒短，半球形或盘状，萼片三角形，稀条形或狭披针形，内面中肋顶端增厚，无喙状突起；花瓣匙形或兜状，两侧内卷，短于萼片或与萼片等长，基部具短爪；雄蕊背着药，与花瓣等长或稍短；花盘厚，齿轮状，具10个不等裂；子房上位，中部以下藏于花盘内，仅基部与花盘合生2室，每室有1枚胚珠；花柱短粗，柱头头状，不分裂，微凹或2浅裂。

**果实和种子：**核果近圆柱形，稀倒卵形，紫红色或紫黑色，顶端常有残存的花柱，基部有宿存的萼筒，花盘常增大；内果皮硬骨质，2室，每室具1种子。

**花果期：**花期6～8月，果期翌年5～6月。

# 腋花勾儿茶

*Berchemia edgeworthii*

鼠李科 Rhamnaceae | 勾儿茶属 *Berchemia*

**植株**：多分枝矮小灌木，高可达2米；小枝圆柱状，平滑无毛。

**叶**：叶极小，纸质，卵形、矩圆形或近圆形，长4~10毫米，宽3~6毫米，顶端圆钝，有细尖头，基部圆形，上面绿色，下面浅绿色，无毛，侧脉每边4~5条；叶柄短，长1~2毫米，无毛；托叶狭披针形，与叶柄等长或稍长，宿存。

**花**：花小，白色，单生或2~3个簇生于叶腋，无毛，直径2.5~3毫米，花梗长2~4毫米；花芽卵圆形，顶端钝或锐尖；萼片卵状三角形；花瓣矩圆状匙形，顶端圆钝，与雄蕊等长。

**果实和种子**：核果圆柱形，长7~9毫米，直径3~4毫米，成熟时橘红色或紫红色，具甜味，基部有不显露的花盘和萼筒；果梗长2~4毫米，无毛。

**花果期**：花期7~10月，果期翌年4~7月。

# 帚枝鼠李

**鼠李科** Rhamnaceae | **鼠李属** *Rhamnus*

*Rhamnus virgata*

**植株**：灌木或乔木，高达6米；小枝对生或近对生，帚状，红褐色或紫红色，平滑有光泽，无毛；幼枝被微柔毛，枝端和分叉处具针刺。

**叶**：叶纸质或薄纸质，对生或近对生，或在短枝上簇生，倒卵状披针形、倒卵状椭圆形或椭圆形，长2.5～8厘米，宽1.5～3厘米，顶端渐尖或短渐尖，稀锐尖，基部楔形，边缘具钝细锯齿，上面或沿脉被疏短柔毛，或近无毛，下面沿脉被疏短毛或仅脉腋有疏毛，或近无毛，侧脉每边通常4～5条，具明显的网脉，干后常带红色；叶柄长4～10毫米，上面有小沟，被短微毛；托叶披针形，常宿存。

**花**：花单性，雌雄异株，4基数，有花瓣；花梗长3～4毫米，有疏微毛或无毛；雌花数个簇生于短枝端，具退化雄蕊，花柱2半裂。

**果实和种子**：核果近球形，黑色，基部有宿存的萼筒，长5毫米，直径约4毫米，具2分核；果梗长2～5毫米；种子红褐色，背面有长为种子2/3～3/4基部较宽的纵沟。

**花果期**：花期4～5月，果期6～10月。

## 羽脉山黄麻

*Trema levigata*

**大麻科** Cannabaceae | **山黄麻属** *Trema*

**植株**：小乔木，高 4 ~ 7（~10）米，或灌木；小枝被灰白色柔毛，老枝灰褐色，皮孔明显，近圆形。

**叶**：叶纸质，卵状披针形或狭披针形，长 5 ~ 11 厘米，宽 1.5 ~ 2.5 厘米，先端渐尖，基部对称或微偏斜，钝圆或浅心形，边缘有细锯齿，叶面深绿，被稀疏的柔毛，后毛渐脱落，近光滑，稀带光泽，稍粗糙，叶背浅绿，除脉上疏生柔毛外，其他处光滑无毛，微被白粉，羽状脉，稀有不明显的基出 3 脉，侧脉 5 ~ 7 对；叶柄长 5 ~ 8 毫米，被灰白色柔毛。

**花**：聚伞花序与叶柄近等长；雄花直径略过 1 毫米，花被片 5 枚，倒卵状船形，外面疏生微柔毛，退化子房狭倒卵状。

**果实和种子**：小核果近球形，微压扁，直径 1.5 ~ 2 毫米，熟时由橘红色渐变成黑色，花被脱落。

**花果期**：花期 4 ~ 5 月，果期 9 ~ 12 月。

# 高山锥

**壳斗科** Fagaceae | **锥属** *Castanopsis*

*Castanopsis delavayi*

**植株**：乔木，高达20米，胸径60厘米；幼龄树的树皮略平滑，大树的树皮深裂且较厚，块状剥落；小枝及果序轴散生微凸起、与枝色相近而带灰白色的皮孔，枝、叶及花序轴均无毛。

**叶**：叶近革质，干后略硬而脆，倒卵形、倒卵状椭圆形或同时兼有卵形或椭圆形的叶，长5~13厘米，宽3~7厘米，顶部甚短尖或圆，基部短尖或近于圆，叶缘常自中部或下部起有锯齿状，很少为波浪状疏裂齿，中脉在叶面细肋状凸起，侧脉亦常微凸，每边6~9条，支脉甚纤细，嫩叶叶背有黄棕色、糠秕状略松散的蜡鳞层，成长叶呈灰白或银灰色；叶柄长7~15毫米。

**花**：雄穗状花序很少单穗腋生，花序轴无或几无毛；雄花的雄蕊12枚，稀10枚；雌花序轴无毛；花柱3枚，稀2枚，长约1/2毫米。

**果实和种子**：果序长10~15厘米，轴粗2~3毫米，幼嫩壳斗通常椭圆形，成熟壳斗阔卵形或近圆球形，基部具狭而略长的柄，斜向上升着生于果序轴上，2瓣或3瓣开裂，连刺直径15~20毫米或稍更大，刺长3~6毫米，很少更长，离生或在基部合生及稍横向连生成圆或螺旋形3~5个刺环，很少合生至中部或中部稍上而具短小的鹿角状分枝，壳壁及刺被黄棕色蜡鳞及伏贴的微柔毛；坚果阔卵形，横径13~14毫米，高10~15毫米，顶端柱座四周有稀疏细伏毛，果脐在坚果的底部。

**花果期**：花期4~5月，果期翌年9~11月。

# 黄毛青冈

*Cyclobalanopsis delavayi*

壳斗科 Fagaceae | 青冈属 *Cyclobalanopsis*

**植株**：常绿乔木，高达 20 米，胸径达 1 米；小枝密被黄褐色绒毛。

**叶**：叶片革质，长椭圆形或卵状长椭圆形，长 8 ~ 12 厘米，宽 2 ~ 4.5 厘米，顶端渐尖或短渐尖，基部宽楔形或近圆形，叶缘中部以上有锯齿；中脉在叶面凹陷，在叶背凸起，侧脉每边 10 ~ 14 条，叶面无毛，叶背密被黄色星状绒毛；叶柄长 1 ~ 2.5 厘米，密被灰黄色绒毛。

**花**：雄花序簇生或分枝，长 2 ~ 4 厘米，被黄色绒毛；雌花序腋生，长约 4 厘米，着生 2 ~ 3 朵花，被黄色绒毛，花柱 3 ~ 5 裂；壳斗浅碗形，包着坚果约 1/2，直径 1 ~ 1.5（~ 1.9）厘米，高 5 ~ 8（~ 10）毫米，内壁被黄色绒毛；小苞片合生成 6 ~ 7 条同心环带，环带边缘具浅齿，密被黄色绒毛。

**果实和种子**：坚果椭圆形或卵形，直径 1 ~ 1.5 厘米，高约 1.8 厘米，初被绒毛，后渐脱落；果脐凸起，直径 6 ~ 8 毫米。

**花果期**：花期 4 ~ 5 月，果期翌年 9 ~ 10 月。

# 滇青冈

**壳斗科** Fagaceae | **青冈属** *Cyclobalanopsis*

*Cyclobalanopsis glaucoides*

**植株**：常绿乔木，高达20米；小枝灰绿色，幼时有绒毛，后渐无毛；冬芽被绒毛。

**叶**：叶片革质，长椭圆形或倒卵状披针形，长5～12厘米，宽2～5厘米，顶端渐尖或尾尖，基部楔形或近圆形，叶缘1/3以上有锯齿，中脉在叶面凹陷，在叶背显著凸起，侧脉每边8～12条，叶背支脉明显，叶面绿色，叶背灰绿色，幼时被弯曲黄褐色绒毛，后渐脱落；叶柄长0.5～2厘米。

**花**：雄花序长4～8厘米，花序轴被绒毛；雌花序长1.5～2厘米，花柱3枚，柱头圆形。

**果实和种子**：壳斗碗形，包着坚果1/3～1/2；坚果椭圆形至卵形，直径0.7～1厘米，高1～1.4厘米，初时被柔毛，后渐脱落；果脐微凸起，直径5～6毫米。

**花果期**：花期5月，果期10月。

# 白　柯

*Lithocarpus dealbatus*

壳斗科 Fagaceae | 柯属 *Lithocarpus*

**植株**：乔木，高很少达 20 米，胸径 80 厘米；芽鳞、当年生枝、叶背、叶柄、花序轴及壳斗的鳞片被棕黄或黄灰色毡状短柔毛，二年生枝毛较少，皮孔稀明显且凸起。

**叶**：叶厚纸质或革质，卵形，卵状椭圆形或披针形，长 7 ~ 14 厘米，宽 2 ~ 5 厘米，顶部长或短尖，基部楔尖，全缘，很少上部叶缘浅波浪状，中脉在叶面微凸起，通常被稀疏短毛，侧脉每边 9 ~ 15 条，在叶面常稍凹陷，支脉纤细，两面同色或叶背带灰色，有蜡鳞层；叶柄长 1 ~ 2 厘米。

**花**：雄穗状花序多穗聚生于枝的顶部，长很少达 15 厘米；雌花序稀长 20 厘米，有时雌雄同序；雌花每 3 朵一簇，很少 5 朵；花柱长 1 ~ 1.5 毫米。

**果实和种子**：果序通常长 5 ~ 8 厘米；壳斗碗状，包着坚果一半至大部分（壳斗发育至中期时仍全包坚果），高 8 ~ 14 毫米，宽 10 ~ 18 毫米；小苞片三角形，贴生或很少有部分稍扩展，覆瓦状排列，坚果扁圆形或近圆球形，比壳斗略小，顶部圆或近于平坦或很少凸尖，柱座微凹陷，仅柱座四周有粉状细毛，其余无毛，或偶有柱座全被细毛，果脐凸起，约占坚果面积的 1/3，很少约达一半。

**花果期**：花期 8 ~ 10 月，果翌年同期成熟。

# 麻子壳柯

**壳斗科** Fagaceae | **柯属** *Lithocarpus*

*Lithocarpus variolosus*

**植株**：乔木，高通常在 20 米以内；芽甚小，芽鳞无毛，干后常有光润的树脂溢出；枝、叶无毛，二年生、三年生枝干后暗褐黑色，散生灰棕色皮孔。

**叶**：叶革质或厚纸质，宽卵形，卵状椭圆形或披针形，长 6 ~ 15 厘米，宽 3 ~ 5 厘米，稀有长达 24 厘米，宽 7 厘米，顶部常呈镰刀状弯斜的长渐尖，基部近于圆或宽楔形，全缘，中脉在叶面微凸起或有时平坦，侧脉每边 6 ~ 10 条，叶面有甚浅的沟状凹陷，在近叶缘处常分枝并彼此连接，支脉不明显或纤细，嫩叶干后叶面常有油润光泽，成长叶则暗淡无光，叶背有较厚的紧实蜡鳞层，干后略带灰白的棕色；叶柄长约 1 厘米，很少达 1.5 厘米。

**花**：雄穗状花序单穗腋生或多穗排成圆锥花序；雌花序通常多穗聚生于枝顶部，长 3 ~ 6 厘米，很少达 10 厘米，花序轴粗壮，常弯扭，被黄棕色糠秕状鳞秕，无毛，雌花每 3 朵一簇；花柱 3 枚，长约 1 毫米。

**果实和种子**：壳斗碗状，通常最宽处在中部稍上，高 6 ~ 18 毫米，宽 15 ~ 25 毫米，包着坚果一半至绝大部分，顶端口部边缘甚薄，紧贴坚果，向下明显增厚，壳斗上部的小苞片三角形，细小，分明，稍下部的多连生成不连接的圆环，或为宽卵形或多边形，但较模糊，干后红褐至暗灰褐色；坚果扁圆形，高 10 ~ 20 毫米，宽 12 ~ 26 毫米，无毛，栗褐色，果脐凸起，约占坚果面积的 1/3 ~ 1/5，稀达 1/2，四周边缘稍凹陷。

**花果期**：花期 5 ~ 7 月，果翌年 7 ~ 9 月成熟。

## 锐齿槲栎

*Quercus aliena* var. *acuteserrata*

**壳斗科** Fagaceae | **栎属** *Quercus*

**植株**：落叶乔木，高达 30 米；树皮暗灰色，深纵裂；小枝灰褐色，近无毛，具圆形淡褐色皮孔；芽卵形，芽鳞具缘毛。

**叶**：叶缘具粗大锯齿，齿端尖锐，内弯，叶背密被灰色细绒毛，叶片形状变异较大。

**花**：雄花序长 4～8 厘米，雄花单生或数朵簇生于花序轴，微有毛，花被 6 裂，雄蕊通常 10 枚；雌花序生于新枝叶腋，单生或 2～3 朵簇生。

**果实和种子**：壳斗杯形，包着坚果约 1/2，直径 1.2～2 厘米，高 1～1.5 厘米；小苞片卵状披针形，长约 2 毫米，排列紧密，被灰白色短柔毛；坚果椭圆形至卵形，直径 1.3～1.8 厘米，高 1.7～2.5 厘米，果脐微突起。

**花果期**：花期 3～4 月，果期 10～11 月。

# 川滇高山栎

*Quercus aquifolioides*

**壳斗科** Fagaceae | **栎属** *Quercus*

**植株**：常绿乔木，高达20米，生于干旱阳坡或山顶时常呈灌木状；幼枝被黄棕色星状绒毛。

**叶**：叶片椭圆形或倒卵形，长2.5～7厘米，宽1.5～3.5厘米，老树之叶片顶端圆形，基部圆形或浅心形，全缘，幼树之叶叶缘有刺锯齿，幼叶两面被黄棕色腺毛，尤以叶背中脉上更密，老叶背面被黄棕色薄星状毛和单毛或粉状鳞秕，中脉上部呈之字形曲折，侧脉每边6～8条，明显可见；叶柄长2～5毫米，有时近无柄。

**花**：雄花序长5～9厘米，花序轴及花被均被疏毛；果序长0.5～2.5厘米，有花1～4朵。

**果实和种子**：果序长不及3厘米，壳斗浅杯形，包着坚果基部，直径0.9～1.2厘米，高5～6毫米，内壁密生绒毛，外壁被灰色短柔毛；小苞片卵状长椭圆形，钝头，顶端常与壳斗壁分离；坚果卵形或长卵形，直径1～1.5厘米，高1.2～2厘米，无毛。

**花果期**：花期5～6月，果期9～10月。

# 铁橡栎

*Quercus cocciferoides*

**壳斗科** Fagaceae | **栎属** *Quercus*

**植株**：常绿或半常绿乔木，高达15米；小枝幼时被绒毛，后渐脱落。

**叶**：叶片纸质，长椭圆形、卵状长椭圆形，长3～8厘米，宽1.5～3厘米，顶端渐尖或短渐尖，基部圆形或楔形，常偏斜，叶缘叶部以上有锯齿，叶片幼时被毛，后渐脱落，侧脉每边6～8条，叶片两面支脉均明显；叶柄长5～8毫米，被绒毛。

**花**：雄花序长2～3厘米，花序轴被苍黄色短绒毛；雌花序长约2.5厘米，着生4～5朵花。

**果实和种子**：壳斗杯形或壶形，包着坚果约3/4，直径11.5厘米，高1～1.2厘米；小苞片三角形，长约1毫米，不紧贴壳斗壁，被星状毛；坚果近球形，直径约1厘米，高1～1.2厘米，顶端短尖，有短毛；果脐微突起，直径2～3毫米。

**花果期**：花期4～6月，果期9～11月。

# 锥连栎

**壳斗科** Fagaceae | **栎属** *Quercus*

*Quercus franchetii*

**植株**：常绿乔木，高达 15 米；树皮暗褐色，纵裂；小枝密被灰黄色单毛和束毛。

**叶**：叶面平坦，叶片倒卵形、椭圆形，长 5～12 厘米，高 2.5～6 厘米，顶端渐尖或钝尖，基部楔形或圆形，叶缘中部以上有腺锯齿，幼叶两面密被灰黄色腺质束毛或单毛，老时背面密被灰黄色腺毛，侧脉每边 8～12 条，直达齿端；叶柄长 1～2 厘米，密被灰黄色绒毛。

**花**：雄花序生于新枝基部，长 4～5 厘米，花序轴被灰黄色绒毛；雌花序长 1～2 厘米，有花 5～6 朵。

**果实和种子**：果序长 1～2 厘米，果序轴密被灰黄色绒毛；壳斗杯形，包着坚果约 1/2，直径 1～1.4 厘米，高 0.7～1.2 厘米，有时盘形，高约 4 毫米；小苞片三角形，长约 2 毫米；背部呈瘤状突起，被灰色绒毛；坚果矩圆形，直径 0.9～1.3 厘米，高 1.1～1.3 厘米，被灰色细绒毛，顶端平截或凹陷，果脐突起。

**花果期**：花期 2～3 月，果期 9 月。

# 帽斗栎

*Quercus guyavaefolia*

**壳斗科** Fagaceae | **栎属** *Quercus*

**植株：**常绿灌木或小乔木，高达 15 米；小枝被污褐色绒毛，后渐脱落。

**叶：**叶片常卵形、倒卵形或椭圆形，长 2 ~ 6 厘米，宽 1.5 ~ 4 厘米，顶端圆钝或有短尖，基部圆形或浅心形，全缘或有刺状锯齿，叶背密被多层棕色腺毛、星状毛及单毛，遮蔽侧脉，中脉之字形曲折，侧脉每边 5 ~ 6（~9）条；叶柄长 1 ~ 4（~6）毫米，被毛。

**花：**雄花序长 3 ~ 10 厘米，果序长 2 ~ 3 厘米；壳斗浅杯形，包着坚果 1/3 ~ 1/2，直径 1 ~ 2厘米，高 0.6 ~ 1 厘米，内壁被棕色绒毛；壳斗小苞片窄卵形，长约 1 毫米，覆瓦状排列，顶端与壳斗壁分离，被棕色绒毛。

**果实和种子：**坚果卵形或近球形，直径 1 ~ 1.5 厘米，高 1.5 ~ 2 厘米，顶端微有毛或无毛，果脐微突起。

**花果期：**花期 5 ~ 6 月，果期翌年 9 ~ 10 月。

# 矮高山栎

*Quercus monimotricha*

**壳斗科** Fagaceae | **栎属** *Quercus*

**植株**：常绿灌木，高 0.5 ~ 2 米；小枝近轮生，被褐色簇生绒毛。

**叶**：叶片椭圆形或倒卵形，长 2 ~ 3.5 厘米，宽 1.2 ~ 3 厘米，顶端圆钝或具短尖，基部圆形或浅心形，叶缘有长刺状锯齿，有时全缘，幼叶两面被灰黄色束毛和星状毛，有明显束毛柄，成长叶叶面沿中脉有疏绒毛，叶背有污褐色束毛，有时脱净，侧脉每边 4 ~ 7 条；叶柄长约 3 毫米，密被毛。

**花**：雄花序长 3 ~ 4 厘米，萼片 4 ~ 9 裂，雄蕊与花萼裂片同数，花序轴及萼片被绒毛；壳斗浅杯形，包着坚果基部，直径约 1 厘米，高 3 ~ 4 毫米；小苞片卵状披针形，长约 1 毫米，在口缘处伸出，被灰褐色柔毛。

**果实和种子**：坚果卵形，直径 0.8 ~ 1 厘米，高 1 ~ 1.3 厘米，无毛或顶端有微毛，果脐突起。

**花果期**：花期 5 ~ 6 月，果期翌年 9 月。

# 毛脉高山栎

*Quercus rehderiana*

壳斗科 Fagaceae | 栎属 *Quercus*

**植株**：常绿乔木，高达 12 米，或呈灌木状；小枝无毛或被疏毛。

**叶**：叶片平坦，椭圆形或倒卵状椭圆形，长 3 ~ 8 厘米，宽 2 ~ 4 厘米，先端圆钝，基部圆形，全缘或有几个刺状齿，叶面无毛，叶背中脉基部密生灰黄色短星状毛，中脉之字形曲折，侧脉每边 6 ~ 8（ ~ 12）条；叶柄长 2 ~ 4 毫米，无毛。

**花**：雄花序长 8 ~ 11 厘米，花序轴及花被均被星状绒毛；雌花序长 3.6 ~ 16 厘米。

**果实和种子**：果序长 6 ~ 16 厘米，果序轴被棕色绒毛；壳斗杯形，包着坚果 1/2 以下，直径 1 ~ 1.5 厘米，高 0.5 ~ 0.7 厘米；小苞片线状披针形，长约 1.5 毫米，密被灰白色柔毛，顶端钝头，棕色，无毛；坚果卵形，直径 1 ~ 1.2 厘米，无毛。

**花果期**：花期 5 ~ 6 月，果期 10 ~ 11 月。

# 光叶高山栎

**壳斗科** Fagaceae | **栎属** *Quercus*

*Quercus pseudosemecarpifolia*

**植株**：常绿小乔木或灌木，高达12米；小枝无毛或幼时被疏毛。

**叶**：叶片平坦，椭圆形、长椭圆形或长倒卵形，长3～7（～13）厘米，宽2～4（～6）厘米，顶端圆钝，基部圆形，全缘或有几个刺状齿，幼叶有星状毛，成长叶无毛，中脉中上部呈之字形曲折，侧脉每边6～8条，侧脉在叶面平坦，近叶缘处分叉；叶柄长2～4（～7）毫米。

**花**：壳斗浅杯形，包着坚果1/3～1/2，直径0.6～1.2厘米，高4～6毫米；小苞片三角状卵形，除顶端外被灰色柔毛。

**果实和种子**：坚果当年成熟，卵形，直径0.7～1.2厘米，高约1.2厘米，无毛或顶端微有毛，果脐突起。

**花果期**：花期5～6月，果期10～11月。

# 灰背栎

*Quercus senescens*

壳斗科 Fagaceae | 栎属 *Quercus*

**植株**：常绿乔木或灌木，高达 15 米；幼枝密被灰黄色星状绒毛，后渐脱落，但老时仍有残存褐色绒毛。

**叶**：叶片长圆形或倒卵状椭圆形，长 3 ~ 8 厘米，宽 1.2 ~ 4.5 厘米，顶端圆钝，基部圆形或浅心形，全缘或有刺状锯齿，幼时两面密被灰黄色非腺质束毛和短柄束毛，老时仅叶背被灰黄色束毛。

**花**：壳斗杯形，包着坚果约 1/2，直径 0.7 ~ 1.5 厘米，高 5 ~ 8 毫米；小苞片长三角形，长约 1 毫米，覆瓦状紧密排列，被灰色绒毛。

**果实和种子**：坚果卵形，直径 0.8 ~ 1.1 厘米，高 1.2 ~ 1.8 厘米，无毛，果脐突起。

**花果期**：花期 3 ~ 5 月，果期 9 ~ 10 月。

# 栓皮栎

*Quercus variabilis*

**壳斗科** Fagaceae | **栎属** *Quercus*

**植株**：落叶乔木，高达30米，胸径达1米以上，树皮黑褐色，深纵裂，木栓层发达；小枝灰棕色，无毛；芽圆锥形，芽鳞褐色，具缘毛。

**叶**：叶片卵状披针形或长椭圆形，长8～15（～20）厘米，宽2～6（～8）厘米，顶端渐尖，基部圆形或宽楔形，叶缘具刺芒状锯齿，叶背密被灰白色星状绒毛，侧脉每边13～18条，直达齿端；叶柄长1～3（～5）厘米，无毛。

**花**：雄花序长达14厘米，花序轴密被褐色绒毛，花被4～6裂，雄蕊10枚或较多；雌花序生于新枝上端叶腋，花柱30壳斗杯形，包着坚果2/3，连小苞片直径2.5～4厘米，高约1.5厘米；小苞片钻形，反曲，被短毛。

**果实和种子**：坚果近球形或宽卵形，高、径约1.5厘米，顶端圆，果脐突起。

**花果期**：花期3～4月，果期翌年9～10月。

# 云南黄杞

*Engelhardtia spicata*

**胡桃科** Juglandaceae | **黄杞属** *Engelhardtia*

**植株**：大乔木，高达 15 ~ 20 米；小枝后来无毛，仅被有腺体，暗褐色或赤褐色，皮孔显著。

**叶**：叶为偶数或稀奇数羽状复叶，长 25 ~ 35 厘米，叶柄及叶轴最后变为无毛；小叶 4 ~ 7 对，对生或几乎互生，具 0.5 ~ 1 厘米长的小叶柄，长成后薄革质，长椭圆形至长椭圆状披针形，长 7 ~ 15 厘米，宽 2 ~ 5 厘米，顶端短渐尖，基部阔楔形，全缘，上面无毛而仅散生腺体，下面中脉及小叶柄有疏短柔毛，最后变无毛，侧脉每边 10 ~ 13 条。

**花**：雄性柔荑花序通常集合成圆锥状花序束，自叶痕腋内无叶的侧枝上生出；雄花较密集，几乎无柄，苞片 3 裂，有柔毛，花被片 4 枚，花药具毛，药隔具 1 凸头伸出于花药顶端；雌性柔荑花序单独生于侧枝顶端或生于雄性圆锥状花序束的顶端；雌花近于无柄，苞片及小苞片基部有毛，花柱短，柱头 2 ~ 4 裂。

**果实和种子**：果序长可达 30 ~ 45（ ~ 60）厘米，俯垂；果实球状，直径 3.5 毫米左右，上部被刚毛，苞片及小苞片基部被有刚毛，贴生至近果实中部；苞片的裂片倒披针状矩圆形，向上端略扩大，顶端钝，中间裂片长 2.5 ~ 3.5 厘米，宽 0.7 ~ 1 厘米，侧裂片长约 1.5 厘米。

**花果期**：花期 11 月，果期 1 ~ 2 月。

# 云南枫杨

**胡桃科** Juglandaceae | **枫杨属** *Pterocarya*

*Pterocarya delavayi*

**植株**：乔木，高约10～15米，胸径达80厘米；小枝黄褐色，较老时黑褐色而具浅色皮孔；芽具3枚芽鳞，芽鳞长椭圆状披针形，顶端渐尖，长约2～3厘米，被有盾状着生的腺体，并在顶端被有柔毛。

**叶**：奇数羽状复叶长约20～45厘米，叶柄长5～13厘米，在背面密被与叶轴同一的黄褐色毡毛；小叶7～13枚，边缘具细锯齿，侧脉15～25对，近边缘处与邻脉环状联结，在下面稍浮凸；上面被细柔毛及极稀的细小腺体；下面沿全部叶脉被有柔毛（一部分毛成簇生）；侧生小叶对生或近对生，具极短的小叶柄或无柄，长椭圆形或长椭圆状卵形至长椭圆状披针形，基部歪斜，下方一侧圆形至微心形，上方一侧钝或阔楔形，顶端渐狭而成急尖至渐尖，长7～19厘米，宽3～6厘米；顶生小叶具2～3厘米长的小叶柄，长椭圆状卵形至长椭圆状披针形，基部楔形。

**花**：雄性葇荑花序下垂，长约8～10厘米；雄花具密被黄褐色毡毛的苞片，雄蕊9～16枚；雌性葇荑花序长25～35厘米，顶生，俯垂，花序轴被有柔毛或毡毛；雌花具密被长毡毛的苞片。

**果实和种子**：果序长达50～60厘米，果序轴被柔毛至毡毛；果实直径约8毫米，基部及顶端密被短柔毛，或至少在顶端被短柔毛；果翅歪斜，圆盘状卵形至椭圆形，顶端圆，长10～25毫米，宽10～13毫米，基部通常有毛及腺体，稀无毛；内果皮壁内具充满疏松的薄壁细胞的细小空隙。

**花果期**：花期4～6月，果期7～8月。

# 尼泊尔桤木

*Alnus nepalensis*

**桦木科** Betulaceae | **桤木属** *Alnus*

**植株**：乔木，高达15米；树皮灰色或暗灰色，平滑；枝条暗褐色，无毛；幼枝褐色，疏被黄色短柔毛或近无毛；芽具柄，具2枚芽鳞，光滑。

**叶**：叶厚纸质，倒卵状披针形、倒卵形、椭圆形或倒卵状矩圆形，长4～16厘米，宽2.5～10厘米，顶端骤尖或锐尖，较少渐尖，基部楔形或宽楔形，很少近圆形，边缘全缘或具疏细齿，上面绿色，微光亮，无毛，下面粉绿色，密生腺点，幼时疏被长柔毛，以后沿脉被黄色短柔毛，脉腋间具簇生的髯毛，侧脉8～16对；叶柄粗壮，长1～2.5厘米，近无毛。

**花**：雄花序多数，排成圆锥状，下垂。

**果实和种子**：果序多数，呈圆锥状排列，矩圆形，长约2厘米，直径7～8毫米；序梗短，长2～3毫米；果苞木质，宿存，长约4毫米，顶端圆，具5枚浅裂片；小坚果矩圆形，长约2毫米，膜质翅宽为果的1/2，较少与之等宽。

**花果期**：花期5～6月，果期7～9月。

# 红　桦

**桦木科** Betulaceae｜**桦木属** *Betula*

*Betula albosinensis*

**植株**：大乔木，高可达30米；树皮淡红褐色或紫红色，有光泽和白粉，呈薄层状剥落，纸质；枝条红褐色，无毛；小枝紫红色，无毛，有时疏生树脂腺体；芽鳞无毛，仅边缘具短纤毛。

**叶**：叶卵形或卵状矩圆形，长3～8厘米，宽2～5厘米，顶端渐尖，基部圆形或微心形，较少宽楔形，边缘具不规则的重锯齿，齿尖常角质化，上面深绿色，无毛或幼时疏被长柔毛，下面淡绿色，密生腺点，沿脉疏被白色长柔毛，侧脉10～14对，脉腋间通常无髯毛，有时具稀疏的髯毛；叶柄长5～15厘米，疏被长柔毛或无毛。

**花**：雄花序圆柱形，长3～8厘米，直径3～7毫米，无梗；苞鳞紫红色，仅边缘具纤毛。

**果实和种子**：果序圆柱形，单生或同时具有2～4枚且排成总状，长3～4厘米，直径约1厘米；小坚果卵形，长2～3毫米，上部疏被短柔毛，膜质翅宽及果的1/2。

**花果期**：花期5～6月，果期7～8月。

# 刺　榛

*Corylus ferox*

**桦木科** Betulaceae | **榛属** *Corylus*

**植株**：乔木或小乔木，高 5 ~ 12 米；树皮灰黑色或灰色；枝条灰褐色或暗灰色，无毛；小枝褐色，疏被长柔毛，基部密生黄色长柔毛，有时具或疏或密的刺状腺体。

**叶**：叶厚纸质，矩圆形或倒卵状矩圆形，很少宽倒卵形，长 5 ~ 15 厘米，宽 3 ~ 9 厘米，顶端尾状，基部近心形或近圆形，有时两侧稍不对称，边缘具刺毛状重锯齿，上面仅幼时疏被长柔毛，后变无毛，下面沿脉密被淡黄色长柔毛，脉腋间有时具簇生的髯毛，侧脉 8 ~ 14 对；叶柄较细瘦，长 1 ~ 3.5 厘米，密被长柔毛或疏被毛至几无毛。

**花**：雄花序 1 ~ 5 枚排成总状；苞鳞背面密被长柔毛；花药紫红色。

**果实和种子**：果 3 ~ 6 枚簇生，极少单生；果苞钟状，成熟时褐色，背面密被短柔毛，偶有刺状腺体；上部具分叉而锐利的针刺状裂片。坚果扁球形，上部裸露，顶端密被短柔毛，长 1 ~ 1.5 厘米；果苞苞叶 2 片，其上部具分叉的针刺状裂片，密生短柔毛，疏生腺毛；坚果扁圆形，金黄褐色，光滑且有光泽。

**花果期**：花期 5 月，果期 9 ~ 10 月。

# 滇　榛

*Corylus yunnanensis*

桦木科 Betulaceae | 榛属 *Corylus*

**植株**：灌木或小乔木，高 1～7 米；树皮暗灰色；枝条暗灰色或灰褐色，无毛；小枝褐色，密被黄色绒毛和具或疏或密的刺状腺体。

**叶**：叶厚纸质，几圆形或宽卵形，很少倒卵形，长 4～12 厘米，宽 3～9 厘米，顶端骤尖或尾状，基部几近心形，边缘具不规则的锯齿，上面疏被短柔毛，幼时具刺状腺体，下面密被绒毛，幼时沿主脉的下部生刺状腺体；侧脉 5～7 对；叶柄粗壮，长 7～12 毫米，密被绒毛，幼时密生刺状腺体。

**花**：雄花序 2～3 枚排成总状，下垂，长 2.5～3.5 厘米，苞鳞背面密被短柔毛。

**果实和种子**：果单生或 2～3 枚簇生成头状，果苞钟状，外面密被黄色绒毛和刺状腺体，通常与果等长或较果短，很少较果长，上部浅裂，裂片三角形，边缘具疏齿；坚果球形，长 1.5～2 厘米，密被绒毛。

**花果期**：花期 5～7 月，果期 7～9 月。

# 马　桑

*Coriaria nepalensis*

**马桑科** Coriariaceae | **马桑属** *Coriaria*

**植株**：灌木，高1.5～2.5米；分枝水平开展，小枝四棱形或成四狭翅，幼枝疏被微柔毛，后无毛，常带紫色，老枝紫褐色，具显著圆形突起的皮孔；芽鳞膜质，卵形或卵状三角形，紫红色，无毛。

**叶**：叶对生，纸质至薄革质，椭圆形或阔椭圆形，长2.5～8厘米，5～4厘米，先端急尖，基部圆形，全缘，两面无毛或沿脉上疏被毛，基出3脉，弧形伸端，在叶面微凹，叶背突起；叶柄短，长2～3毫米，疏被毛，紫色，基部具垫状突起物。

**花**：花序生于二年生枝条上，雄花序先叶开放，长1.5～2.5厘米，多花密集，序轴被腺柔毛；苞片和小苞片卵圆形，长约2.5毫米，宽约2毫米，膜质，半透明，内凹，上部边流苏状细齿；花梗长约1毫米，无毛；萼片卵形，长1.5～2毫米，宽1～1.5毫米，边缘半透明，上部具流苏状细齿；花瓣极小，卵形，长约0.3毫米，里面龙骨状；雄蕊10枚，花丝线形，长约1毫米，开花时伸长，长3～3.5毫米，花药长圆形，长约2毫米，具细小疣状体，药隔伸出，花药基部短尾状；不育雌蕊存在；雌花序与叶同出，长4～6厘米，序轴被腺状微柔毛；苞片稍大，长约4毫米，带紫色；花梗长1.5～2.5毫米；萼片与雄花同；花瓣肉质，较小，龙骨状；雄蕊较短，花丝长约0.5毫米，花药长约0.8毫米，心皮5枚，耳形，长约0.7毫米，宽约0.5毫米，侧向压扁，花柱长约1毫米，具小疣体，柱头上部外弯，紫红色，具多数小疣体。

**果实和种子**：果球形，果期花瓣肉质增大包于果外，成熟时由红色变紫黑色，径4～6毫米；种子卵状长圆形。

**花果期**：花期3～4月，果期10月。

# 刺果卫矛

**卫矛科** Celastraceae | **卫矛属** *Euonymus*

*Euonymus acanthocarpus*

**植株**：灌木，直立或藤本，高 2 ~ 3 米；小枝密被黄色细疣突。

**叶**：叶革质，长方椭圆形、长方卵形或窄卵形，少为阔披针形，长 7 ~ 12 厘米，宽 3 ~ 5.5 厘米，先端急尖或短渐尖，基部楔形、阔楔形或稍近圆形，边缘疏浅齿不明显，侧脉 5 ~ 8 对，在叶缘边缘处结网，小脉网通常不显；叶柄长 1 ~ 2 厘米。

**花**：聚伞花序较疏大，多为 2 ~ 3 次分枝；花序梗扁宽或 4 棱，长（1.5 ~ ）2 ~ 6（ ~ 8）厘米，第一次分枝较长，通常 1 ~ 2 厘米，第二次稍短；小花梗长 4 ~ 6 毫米；花黄绿色，直径 6 ~ 8 毫米；萼片近圆形；花瓣近倒卵形，基部窄缩成短爪；花盘近圆形；雄蕊具明显花丝，花丝长 2 ~ 3 毫米，基部稍宽；子房有柱状花柱，柱头不膨大。

**果实和种子**：蒴果成熟时棕褐带红，近球状，直径连刺 1 ~ 1.2 厘米，刺密集，针刺状，基部稍宽，长约 1.5 毫米；种子外被橙黄色假种皮。

**花果期**：花期 6 月，果期 10 月。

# 岩坡卫矛

*Euonymus clivicolus*

**卫矛科** Celastraceae | **卫矛属** *Euonymus*

**植株**：灌木，高 1 ~ 9 米；老枝有时具 4 棱窄栓翅。

**叶**：叶纸质或近膜质，披针形或阔披针形，长 4 ~ 12 厘米，宽 1 ~ 2.2 厘米，先端窄缩成长渐尖，基部阔楔形或近圆形；叶柄长 2 ~ 5 毫米。

**花**：聚伞花序通常 3 花；花序梗细长，长 3 ~ 7 厘米；小花梗长 3 ~ 5 毫米；花 5 数，紫色、青紫色稀绿色（据采集记录），直径 10 ~ 12 毫米；花盘圆形，边缘 5 浅裂，雄蕊着生裂片处；子房扁平，柱头圆扁，无花柱。

**果实和种子**：蒴果直径 8 ~ 10 毫米，翅长 5 ~ 8 毫米，细窄，平直或先端上曲。

**花果期**：花期 4 月，果期 8 ~ 10 月。

# 冷地卫矛

**卫矛科** Celastraceae | **卫矛属** *Euonymus*

*Euonymus frigidus*

**植株**：落叶灌木，高0.1～3.5米；枝疏散。

**叶**：叶厚纸质，椭圆形或长方窄倒卵形，长6～15厘米，宽2～6厘米，先端急尖或钝，有时呈尖尾状，基部多为阔楔形或楔形，边缘有较硬锯齿，侧脉6～10对，在两面均较明显；叶柄长6～10毫米。

**花**：聚伞花序松散；花序梗长而细弱，长2～5厘米，顶端具3～5次分枝，分枝长1.5～2厘米；小花梗长约1厘米；花紫绿色，直径1～1.2厘米；萼片近圆形；花瓣阔卵形或近圆形；花盘微4裂，雄蕊着生裂片上，无花丝；子房无花柱。

**果实和种子**：蒴果具4翅，长1～1.4厘米，翅长2～3毫米，常微下垂；种子近圆盘状，稍扁，直径6～8毫米，包于橙色假种皮内。

**花果期**：花期5～6月，果期7～9月。

## 大花卫矛

*Euonymus grandiflorus*

**卫矛科** Celastraceae | **卫矛属** *Euonymus*

**植株**：灌木或乔木，半常绿，高达 8 米。

**叶**：叶近革质，窄长椭圆形或窄倒卵形，长 4 ~ 10 厘米，宽 1 ~ 5 厘米，先端圆形或急尖，基部常渐窄成楔形，边缘具细密极浅锯齿，侧脉细密；叶柄长达 1 厘米。

**花**：疏松聚伞花序 3 ~ 9 花，花序梗长 3 ~ 6 厘米；小花梗长约 1 厘米；小苞片窄线形，长 5 ~ 8 毫米；花 4 数，黄白色，较大，直径达 1.5 厘米；花萼大部分合生；萼片极短；花瓣近圆形，中央有嚼蚀状皱纹；雄蕊着生在花盘四角的圆盘形突起上，花丝长达 2 毫米，花药近顶裂；子房四棱锥状，花柱长 1 ~ 3 毫米，每室有胚珠 6 ~ 12 个。

**果实和种子**：蒴果近球状，常具窄翅棱，宿存花萼圆盘状，直径达 7 毫米；种子长圆形，长约 5 毫米，黑红色，有光泽，假种皮红色，盔状，覆盖种子的上半部。

**花果期**：花期 6 ~ 7 月，果期 9 ~ 10 月。

# 西南卫矛

**卫矛科** Celastraceae | **卫矛属** *Euonymus*

*Euonymus hamiltonianus*

**植株**：小乔木，高 5 ~ 6 米；枝条无栓翅，但小枝的棱上有时有 4 条极窄木栓棱。

**叶**：叶对生，卵状椭圆形、长圆状椭圆形或椭圆状披针形，长 7 ~ 12 厘米，宽 3 ~ 7 厘米，先端尖或钝，基部楔形或圆，边缘具浅波状钝圆锯齿，侧脉 7 ~ 9 对；叶柄长达 5 厘米。

**花**：聚伞花序具 5 花至多花；花序梗长 1 ~ 2.5 厘米；花 4 数，白绿色，径 1 ~ 1.2 厘米；花萼裂片半圆形；花瓣长圆形或倒卵状长圆形；雄蕊具花丝，生于扁方形花盘边缘上；子房 4 室，具花柱。

**果实和种子**：蒴果倒三角形或倒卵圆形，直径 1 ~ 1.5 厘米，熟时粉红带黄色，每室具 1 ~ 2种子；种子棕红色，外被橙红色假种皮。

**花果期**：花期 5 ~ 6 月，果期 9 ~ 10 月。

# 丽江卫矛

*Euonymus lichiangensis*

卫矛科 Celastraceae | 卫矛属 *Euonymus*

**植株**：常绿灌木，高 0.6 ~ 2.5 米；枝条绿色，密被同色细小瘤突，边缘具 4 条窄翅状棱突。

**叶**：叶近革质，窄长方形，长 1.5 ~ 5 厘米，宽 1.5 ~ 3 毫米，先端急尖或渐尖，边缘近全缘，略反卷；侧脉少而疏，常不明显，3 ~ 4 对，极长，并与主脉几平行排列；近无柄。

**花**：聚伞花序 1 ~ 3 花，常密集于小枝基部；花序梗长 5 ~ 10 毫米；花 4 数，黄绿色，直径约 6 毫米；雄蕊花丝细长锥状，长约 1 毫米，花药近个字形着生；子房 4 棱锥状。

**果实和种子**：蒴果红色，4 浅裂，长 7 ~ 8 毫米，直径 10 ~ 12 毫米，常仅 1 ~ 2 心皮发育成熟；种子阔卵圆锥状，长 5.5 ~ 6.5 毫米，直径约 6 毫米，种皮紫色，假种皮橙黄色，包围种子基部。

**花果期**：花期 5 ~ 6 月，果期 10 月。

## 染用卫矛

*Euonymus tingens*

**卫矛科** Celastraceae | **卫矛属** *Euonymus*

**植株**：乔木，高 5 ~ 8 米；树干直径约达 40 厘米，小枝紫黑色，近圆形。

**叶**：叶厚革质，长方窄椭圆形，偶为窄倒卵形，长 2 ~ 7 厘米，宽 1 ~ 3 厘米，先端急尖或渐尖，基部阔楔形，边缘有极浅疏齿，中脉明显，侧脉细弱，小脉结成下凹细网，使叶面常呈细皱状；叶柄长 5 ~ 8 毫米。

**花**：聚伞花序 1 ~ 5 花，集生小枝顶端；花序梗长 1 ~ 2 厘米，小花梗较花序梗长；花 5 数；花萼长圆形；花瓣白绿色带紫色脉纹；花盘极肥厚；雄蕊具细长花丝；子房长锥状，花柱细长；子房每室有胚珠 3 ~ 6 对。

**果实和种子**：蒴果倒锥状或近球状，直径约 1.5 厘米，5 棱，上部宽圆平截，有线状宿存柱头，基部狭窄，有 5 深裂宿存花萼及 5 条线状花丝，果梗细长；种子每室 1 ~ 4 枚，棕色或深棕色，长圆卵状，长 5 ~ 10 毫米，直径 3 ~ 4 毫米，基部种脐不甚明显，假种皮橘黄色，厚而多皱纹，冠状覆盖种子的 1/2。

**花果期**：花期 5 ~ 8 月，果期 8 ~ 11 月。

# 刺叶沟瓣

*Glyptopetalum ilicifolium*

**卫矛科** Celastraceae | **沟瓣木属** *Glyptopetalum*

**植株**：灌木，高1~4米；枝条绿色。

**叶**：叶厚革质，常被白粉，通常倒卵形、椭圆形，较少窄椭圆形，长3.5~9厘米，宽2~4厘米，先端圆阔或急尖，基部阔楔形，边缘有明显疏离不整齐大齿，齿端具刺，侧脉5~7对，脉端常达叶缘；叶柄长2~6毫米。

**花**：聚伞花序通常3花；花序梗长约1.5厘米，小花梗长1~1.3厘米，中央花小梗略长；小苞片极小，不足1毫米；花萼4浅裂，萼片薄，近三角形；花瓣4个，带紫色，阔扁圆形，基部有2极浅蜜腺小窝；花药具宽阔药隔，内向，花丝短；子房沉于花盘内，无花柱，柱头圆扁盘状。

**果实和种子**：蒴果白色微黄，糠斑细碎不显，直径1~1.5厘米；果序梗圆柱状，长1.5~2厘米，小果梗1.2~2厘米；种子阔卵椭圆状，长约1厘米，棕红色，种脊7~8分枝，半包于棕红色假种皮中。

**花果期**：花期6~8月，果期7~12月。

# 小檗裸实

**卫矛科** Celastraceae | **裸实属** *Gymnosporia*

*Gymnosporia berberoides*

**植株**：多刺灌木，高1~2米；小枝粗壮刺状，长1~5厘米，先端尖锐，或有时为假顶生的侧生刺代替，节上多有粗短刺，幼枝及叶柄均被极短密毛，老时渐脱落，部分残存。

**叶**：叶厚纸质或革质，阔倒卵形或椭圆形，长1.2~5厘米，最宽处1.5~3厘米，先端圆阔，有时浅内凹，基部楔形，边缘具极浅锐锯齿或近全缘；中脉在近叶柄处被毛，侧脉4~7对，极细，与小脉结网，在叶面稍明显，在叶背显著；叶柄长3~8毫米。

**花**：聚伞花序，花疏散，花序1个至数个生于刺状枝的短刺腋部，2~4次分枝，单歧或第1次二歧，以后单歧分枝；花序梗细长，长1~2厘米，小花梗细长，长5~8毫米；苞片窄卵形或披针形，长1毫米以下；花白绿色，直径5~8毫米；花萼具5片三角卵形或长方卵形萼片；花瓣长方形或窄长卵形；花盘扁，微5裂；雄蕊着生花盘外侧边缘上，花丝长1.5毫米，基部稍宽；子房有粗短花柱，柱头3浅裂。

**果实和种子**：蒴果倒锥状，长1~1.2厘米，3裂；果序梗细长，长1~3厘米，小果梗长5~10毫米；种子椭圆状，基部有白色托状或不整齐2裂的泡状假种皮。

**花果期**：花期4~10月，果期7~12月。

## 美丽金丝桃

*Hypericum bellum*

**金丝桃科** Hypericaceae | **金丝桃属** *Hypericum*

**植株**：灌木，高0.3～1.5米，通常形成矮灌丛，有密集的直立或拱弯枝条；茎红至橙色，初时具4纵线棱及略为两侧压扁，很快呈圆柱形；节间长1～8厘米，通常等于或长于叶；皮层灰褐色。

**叶**：叶具柄，叶柄长0.5～2.5毫米；叶片卵状长圆形或宽菱形至近圆形，长1.5～6.5厘米，宽0.7～4.3厘米，先端钝形至圆形或微凹，通常具小尖突，基部多少呈宽楔形或圆形至截形或近心形，边缘平坦或波状，坚纸质，上面绿色，下面淡绿或苍白色，主侧脉3～4对，上方者不明显近边缘生，中脉上方分枝不明显，有或显然无多少分明而稀疏的第三级脉网，腹腺体无或多少密生，叶片腺体点状及短条纹状。

**花**：花序具1～7花，自茎顶端第1节生出，近伞房状，稀在其下方的一些节上生出花枝；花梗长0.3～1.4厘米（结果时长达3厘米）；苞片叶状至狭椭圆形，宿存至凋落；花直径2.5～3.5厘米，盃状；花蕾宽卵珠形，先端钝形至圆形；萼片离生，在花蕾及结果时直立，狭椭圆形至倒卵形，长3～9毫米，宽2.5～6毫米，先端圆形或偶有近具小尖突，边缘全缘或有细的啮蚀状小齿且常呈干膜质，中脉稀明显，小脉不显著，腺体约12个，线形；花瓣金黄色至奶油黄色，稀为暗黄色，无红晕，内弯，为宽至狭的倒卵形，长1.5～2.5（～3）厘米，宽1.1～2.1厘米，边缘全缘，有近顶生的小尖突，小尖突先端圆形；雄蕊5束，每束有雄蕊25～65枚，最长者长6～10（～11）毫米，长约为花瓣的1/3～2/（～3/5），花药深黄色；子房宽至狭的卵珠形，长4～6毫米，宽3～3.5毫米；花柱长3～6毫米，长约为子房的3/5至与其相等，离生，近直立至略叉开，近顶端外弯；柱头小。

**果实和种子**：蒴果宽至狭的卵珠形，长1～1.5厘米，宽0.6～1厘米，常具皱；种子深红褐色，狭圆柱形，长0.8～1毫米，多少有龙骨状突起，有浅的梯状网纹。

**花果期**：花期6～7月，果期8～9月。

# 川滇金丝桃

**金丝桃科** Hypericaceae | **金丝桃属** *Hypericum*

*Hypericum forrestii*

**植株**：灌木，高0.3～1.5米，丛状，有多少直立的枝条；茎红至橙色，幼时4棱形且略呈两侧压扁，很快呈圆柱形；节间长1～4.5（～6）厘米，短于或偶有长于叶；表层灰褐色，平滑，剥落。

**叶**：叶具柄，叶柄长0.5～2毫米，略宽；叶片披针形或三角状卵形至多少呈宽卵形，长2～5.3（～6）厘米，宽0.9～3.2（～3.5）厘米，先端钝形至圆形或略微凹，基部宽楔形至圆形，边缘平坦，坚纸质，上面绿色，下面淡绿色；主侧脉4～5对，与中脉的分枝形成波状的近边缘脉，第3级脉网模糊或几不可见；腹腺体密生，尤其是近中脉处，叶片腺体短条纹状和点状。

**花**：花序具1～约20花，自1节或稀自2节生出，近伞房状；花梗长0.4～1厘米；苞片披针形至多少呈叶状，宿存；花直径（2.5～）3.5～6厘米，多少呈深盃状；花蕾宽卵球形，先端钝形至圆形；萼片分离，在花蕾及结果时直立，卵形或多少呈宽椭圆形至近圆形，近等大至等大，长6～9毫米，宽3～8毫米，先端圆形或偶有具小尖突，边缘全缘或向顶端有细的啮蚀状小齿并且通常多少膜质，中脉分明，小脉不明显，腺体12个或更多，线形，在上方多少断线形；花瓣金黄色，无红晕，明显内弯，宽倒卵形，长1.8～3厘米，宽1.1～2.5厘米，长约为萼片3～3.5倍，边缘全缘或疏生有具腺的短小齿，有近顶生小尖突，小尖突先端圆形；雄蕊5束，每束有雄蕊40～65枚，最长者长1～1.5厘米，长为花瓣的2/5～3/5，花药金黄色；子房宽卵珠形，长（4.5～）6～8毫米，宽4～4.5毫米；花柱长4～7毫米，长为子房的7/10～9/10，偶有与其相等，离生，近顶端外弯；柱头小。

**果实和种子**：蒴果多少呈宽卵珠形，长1.2～1.8厘米，宽0.8～1.4厘米；种子深红褐色，狭圆柱形，长1.2～1.7毫米，上方略有龙骨状突起或翅，有很浅的梯状网纹。

**花果期**：花期6～7月，果期8～10月。

# 滇南山杨

*Populus rotundifolia* var. *bonati*

**杨柳科** Salicaceae | **杨属** *Populus*

**植株**：乔木，高达20米；干皮灰白色，光滑；幼枝暗褐色，初时有毛，后光滑，老枝灰色；芽卵形或圆锥形，红褐色，鳞片具白柔毛，有黏质。

**叶**：短枝叶卵状圆形或三角状圆形，长5.5～8.5厘米，宽5～8厘米，先端渐尖，基部微心形或截形，边缘波状钝锯齿，上面绿色，下面灰绿色，幼时两面均有白柔毛；叶柄侧扁，长3.5～6.5厘米；萌枝叶大，宽卵状圆形，基部楔形或近心形。

**花**：花柱明显，柱头2宽瓣裂，再3深裂，或3浅裂。

**果实和种子**：果序长约10厘米，果序轴有毛；蒴果长卵形，先端尖，2瓣裂。

**花果期**：未知。

# 白背柳

**杨柳科** Salicaceae | **柳属** *Salix*

*Salix balfouriana*

**植株**：灌木或小乔木，高可达 5 米；当年生枝被绒毛，二年生枝无毛或稍有毛，红黑色；芽黑褐色，有毛。

**叶**：叶椭圆形、椭圆状长圆形或倒卵状长圆形，长 6 ~ 8（~12）厘米，宽 2 ~ 4 厘米，先端钝或急尖，扭转，基部圆形或宽楔形，上面无毛或沿脉上有短柔毛，深绿色，下面密被绒毛，幼叶常杂生锈色绢毛，成熟叶的毛逐渐脱落，下面白色，上年的落叶上面呈灰褐色，全缘，萌枝叶长可达 18 厘米，边缘有腺齿，开花时叶很小。

**花**：花序先叶开花或与叶同时开放，长 2 ~ 4 厘米，粗 6 ~ 10 毫米，花序梗短或无，基部无叶或有 1 ~ 2 枚小叶；雄蕊 2 枚，花药黄色，稀红色，花丝 2/3 有柔毛；苞片倒卵状长圆形，先端圆截形或有缺刻，外面上部红黄色，被柔毛，上部和边缘的毛较长，内面无毛或稍有毛；腺体 2 枚，背生和腹生，有时分裂；子房卵状圆锥形，无柄，有的呈红紫色，密被柔毛；花柱长，2 深裂，柱头 2 裂；苞片同雄花；腺体 1 枚，腹生。

**果实和种子**：果序长可达 8 厘米，其梗也伸长；蒴果长 5.5 毫米，近无毛。

**花果期**：花期 4 月下旬 ~5 月上旬，果期 6 ~ 7 月。

## 中华柳

*Salix cathayana*

**杨柳科** Salicaceae | **柳属** *Salix*

**植株**：灌木，高 0.6 ~ 1.5 米，多分枝；小枝褐色或灰褐色，当年生小枝具绒毛；芽卵圆形或长圆形，先端钝，被绒毛，稍短于叶柄。

**叶**：叶长椭圆形或椭圆状披针形，长 1.5 ~ 5.2 厘米，宽 6 ~ 15 毫米，两端钝或急尖，上面深绿色，有时被绒毛，下面苍白色，无毛，全缘；叶柄长 2 ~ 5 毫米，略有柔毛。

**花**：雄花序长 2 ~ 3.5 厘米，粗 6 ~ 8 毫米，密花，花序梗有长柔毛，长 5 ~ 15 毫米，通常具 3 个叶子，稀 3 枚以上；雄蕊 2 枚，花丝下部有疏长柔毛，长为苞片的 2 ~ 3 倍，花药黄色，宽椭圆形或近球形；苞片卵圆形或倒卵圆形，先端圆形，具缘毛，黄褐色；腹腺 1 个，卵状长圆形，略短于苞片；雌花序狭圆柱形，长 2 ~ 3（ ~ 5）厘米，花序梗短，密花；子房无柄，无毛，椭圆形，长约 3 毫米；花柱短，顶端 2 裂，柱头短，2 裂；苞片倒卵状长圆形，有缘毛；腺体 1 个，腹生。

**果实和种子**：蒴果近球形，无柄或近无柄。

**花果期**：花期 5 月，果期 6 ~ 7 月。

# 腹毛柳

**杨柳科** Salicaceae | **柳属** *Salix*

*Salix delavayana*

**植株**：灌木或小乔木，高 2 ~ 6 米；嫩枝有短柔毛，后无毛，黑褐色；芽卵形，褐色。

**叶**：叶长圆状椭圆形至宽椭圆形，长 3 ~ 8 厘米，宽 1 ~ 3.5 厘米，先端急尖或短渐尖，基部楔形至圆形，上面亮绿色，下面苍白色或具白粉，叶脉 7 ~ 14 对，幼叶两面被淡黄色绒毛，上面更密，后来逐渐脱落，全缘；叶柄长约 1 厘米；托叶小，歪卵形，边缘有腺齿。

**花**：花与叶同时开放，花序轴有毛；雄花序有短梗或无梗，具 1 ~ 2 枚小叶，长 2 ~ 4（~5）厘米，粗约 7 毫米；雄蕊 2 枚，离生，花丝长 2.3 ~ 3.5 毫米，在中上部有长柔毛，花药黄色或在花序上部的为红色；苞片长圆状椭圆形，上部褐色，两面有毛或无毛，边缘多少有缘毛；腺体 2 个，腹生和背生，长约为苞片的 1/3，腹腺圆柱形或卵形，先端截形，有时浅裂，背腺圆柱形，比腹腺稍短；雌花序长 2 ~ 3 厘米，粗 4 ~ 6 毫米，有花序梗，具 2 ~ 4 枚小叶；子房卵形，无柄或有短柄，无毛或腹面基部有短柔毛，花柱明显，2 浅裂，柱头粗，2 浅裂；苞片同雄花；腹腺 1 个，卵形或短圆柱形。

**果实和种子**：蒴果长约 5 毫米。

**花果期**：花期 4 月中下旬 ~5 月，果期 6 月上中旬。

## 长蕊柳

*Salix longistamina*

**杨柳科** Salicaceae | **柳属** *Salix*

**植株**：小乔木；小枝黄褐色或褐色，幼时有毛，或无毛；芽长卵形，长3.5～4毫米，黄褐色或褐色，无毛或顶部稍有疏毛。

**叶**：叶长椭圆形或长椭圆状披针形，长3.5～5.5厘米，宽1～2.3厘米，先端急尖或渐尖，上面近无毛或有疏毛，下面有疏毛，幼时两面有绢毛，边缘有不明显锯齿或全缘；叶柄长3～7毫米。

**花**：花序与叶同时开放；雄花序长2～3厘米，粗1.5厘米，花序梗短，长3～7毫米，有毛，基部有2～3枚小叶，轴有毛；雄蕊2枚，花丝完全合生，下部有疏毛，较苞片长4～5倍；苞片倒卵形或卵形，先端圆形，暗紫褐色，内面有长毛，外面下部有长毛，边缘有缘毛；腺体1个，腹生，条形，长为苞片的1/2～1/3；雌花序长1.5～2厘米，梗短，有毛，基部有2枚小叶，轴有毛；子房长圆锥形，长2.5～4毫米，近无柄，有密毛，花柱明显，2裂，柱头2裂；苞片长卵形，长约2.5～3毫米，先端近圆形或钝，深褐色，内面有长毛，外面下部有长毛，边缘有缘毛；腺体1个，腹生，卵状长圆形，先端全缘，有时2浅裂或深裂。

**果实和种子**：蒴果。

**花果期**：花期4～5月，果期5～6月。

# 云南土沉香

*Excoecaria acerifolia*

**大戟科** Euphorbiaceae | **海漆属** *Excoecaria*

**植株**：灌木至小乔木，高 1 ~ 3 米，各部均无毛；枝具纵棱，疏生皮孔。

**叶**：叶互生，纸质，叶片卵形或卵状披针形，稀椭圆形，长 6 ~ 13 厘米，宽 2 ~ 5.5 厘米，顶端渐尖，基部渐狭或短尖，有时钝，边缘有尖的腺状密锯齿，齿间距 1 ~ 2 毫米；中脉两面均凸起，背面尤著，侧脉 6 ~ 10 对，弧形上升，离缘 2 ~ 3 毫米弯拱网结，网脉明显；叶柄长 2 ~ 5 毫米，无腺体；托叶小，腺体状，长约 0.5 毫米。

**花**：花单性，雌雄同株同序，花序顶生和腋生，长 2.5 ~ 6 厘米，雌花生于花序轴下部，雄花生于花序轴上部。雄花花梗极短；苞片阔卵形或三角形，长约 1.3 毫米，宽约 1.5 毫米，顶端凸尖，基部两侧各具 1 近圆形、直径约 1 毫米的腺体，每一苞片内有花 2 ~ 3 朵；萼片 3 片，披针形，长约 1.2 毫米，宽 0.6 ~ 0.8 毫米；雄蕊 3 枚，花药球形，比花丝长。雌花花梗极短或不明显；苞片卵形，长约 2.5 毫米，宽近 1.5 毫米，顶端芒尖，尖头长达 1.5 毫米，基部两侧各具 1 正圆形、直径约 1.5 毫米的腺体；小苞片 2 片，长圆形，长约 1.5 毫米，顶端具不规则的 3 齿；萼片 3 片，基部稍联合，卵形，长约 1.5 毫米，宽约 1.2 毫米，顶端尖，边缘有不明显的小齿；子房球形，直径约 1.5 毫米。

**果实和种子**：蒴果近球形，具 3 棱，直径约 1 厘米；种子卵球形，干时灰黑色，平滑，直径约 4 毫米。

**花果期**：花期 6 ~ 8 月，果期 8 ~ 9 月。

# 乌 桕

*Sapium sebiferum*

**大戟科** Euphorbiaceae | **美洲桕属** *Sapium*

**植株：**乔木，高可达 15 米许，各部均无毛而具乳状汁液；树皮暗灰色，有纵裂纹；枝广展，具皮孔。

**叶：**叶互生，纸质，叶片菱形、菱状卵形，稀有菱状倒卵形，长 3 ~ 8 厘米，宽 3 ~ 9 厘米，顶端骤然紧缩，具长短不等的尖头，基部阔楔形或钝，全缘；中脉两面微凸起，侧脉 6 ~ 10对，纤细，斜上升，离缘 2 ~ 5 毫米弯拱网结，网状脉明显；叶柄纤细，长 2.5 ~ 6 厘米，顶端具 2 个腺体；托叶顶端钝，长约 1 毫米。

**花：**花单性，雌雄同株，聚集成顶生、长 6 ~ 12 厘米的总状花序，雌花通常生于花序轴最下部，罕有在雌花下部或亦有少数雄花着生，雄花生于花序轴上部，有时整个花序全为雄花。雄花花梗纤细，长 1 ~ 3 毫米，向上渐粗；苞片阔卵形，长和宽近相等约 2 毫米，顶端略尖，基部两侧各具 1 近肾形的腺体，每一苞片内具 10 ~ 15 朵花；小苞片 3 片，不等大，边缘撕裂状；花萼杯状，3 浅裂，裂片钝，具不规则的细齿；雄蕊 2 枚，罕有 3 枚，伸出于花萼之外，花丝分离，与球状花药近等长。雌花花梗粗壮，长 3 ~ 3.5 毫米；苞片深 3 裂，裂片渐尖，基部两侧的腺体与雄花的相同，每一苞片内仅 1 朵雌花，间有 1 朵雌花和数朵雄花同聚生于苞腋内；花萼 3 深裂，裂片卵形至卵头披针形，顶端短尖至渐尖；子房卵球形，平滑，3 室，花柱 3 枚，基部合生，柱头外卷。

**果实和种子：**蒴果梨状球形，成熟时黑色，直径 1 ~ 1.5 厘米；具 3 枚种子，分果爿脱落后而中轴宿存；种子扁球形，黑色，长约 8 毫米，宽 6 ~ 7 毫米，外被白色、蜡质的假种皮。

**花果期：**花期 4 ~ 8 月，果期 7 ~ 11 月。

# 艾胶算盘子

*Glochidion lanceolarium*

**叶下珠科** Phyllanthaceae | **算盘子属** *Glochidion*

**植株**：常绿灌木或乔木，通常高 1 ~ 3 米，稀 7 ~ 12 米；除子房和蒴果外，全株均无毛。

**叶**：叶片革质，椭圆形、长圆形或长圆状披针形，长 6 ~ 16 厘米，宽 2.5 ~ 6 厘米，顶端钝或急尖，基部急尖或阔楔形而稍下延，两侧近相等，上面深绿色，下面淡绿色，干后黄绿色；侧脉每边 5 ~ 7 条；叶柄长 3 ~ 5 毫米；托叶三角状披针形，长 2.5 ~ 3 毫米。

**花**：花簇生于叶腋内，雌雄花分别着生于不同的小枝上或雌花 1 ~ 3 朵生于雄花束内；雄花花梗长 8 ~ 10 毫米，萼片 6 片，倒卵形或长倒卵形，长约 3 毫米，黄色，雄蕊 5 ~ 6 枚；雌花花梗长 2 ~ 4 毫米，萼片 6 片，3 片较大，3 片较小，大的卵形，小的狭卵形，长 2.5 ~ 3 毫米；子房圆球状，6 ~ 8 室，密被短柔毛；花柱合生呈卵形，长不及 1 毫米，约为子房长的一半，顶端近截平。

**果实和种子**：蒴果近球状，直径 12 ~ 18 毫米，高 7 ~ 10 毫米，顶端常凹陷，边缘具 6 ~ 8 条纵沟，顶端被微柔毛，后变无毛。

**花果期**：花期 4 ~ 9 月，果期 7 月至翌年 2 月。

# 越南叶下珠

*Phyllanthus cochinchinensis*

**叶下珠科** Phyllanthaceae | **叶下珠属** *Phyllanthus*

**植株：** 灌木，高达 3 米；茎皮黄褐色或灰褐色；小枝具棱，长 10～30 厘米，直径 1～2 毫米，与叶柄幼时同被黄褐色短柔毛，老时变无毛。

**叶：** 叶互生或 3～5 枚着生于小枝极短的凸起处，叶片革质，倒卵形、长倒卵形或匙形，长 1～2 厘米，宽 0.6～1.3 厘米，顶端钝或圆，少数凹缺，基部渐窄，边缘干后略背卷；中脉两面稍凸起，侧脉不明显；叶柄长 1～2 毫米；托叶褐红色，卵状三角形，长约 2 毫米，边缘有睫毛。

**花：** 花雌雄异株，1～5 朵着生于叶腋垫状凸起处，凸起处的基部具有多数苞片；苞片干膜质，黄褐色，边缘撕裂状；雄花通常单生，花梗长约 3 毫米，萼片 6 片，倒卵形或匙形，长约 1.3 毫米，宽 1～1.2 毫米，不相等，边缘膜质，基部增厚，雄蕊 3 枚，花丝合生成柱，花药 3 枚，顶部合生，下部叉开，药室平行，纵裂，花粉粒球形或近球形，有 6～10 个散孔，花盘腺体 6，倒圆锥形；雌花单生或簇生，花梗长 2～3 毫毛；萼片 6 片，外面 3 片为卵形，内面 3 片为卵状菱形，长 1.5～1.8 毫米，宽 1.5 毫米，边缘均为膜质，基部增厚；花盘近坛状，包围子房约 2/3，表面有蜂窝状小孔；子房圆球形，直径约 1.2 毫米，3 室，花柱 3 枚，长 1.1 毫米，下部合生成长约 0.5 毫米的柱，上部分离，下弯，顶端 2 裂，裂片线形。

**果实和种子：** 蒴果圆球形，直径约 5 毫米，具 3 纵沟，成熟后开裂成 3 个 2 瓣裂的分果爿；种子长和宽约 2 毫米，外种皮膜质，橙红色，易剥落，上面密被稍凸起的腺点。

**花果期：** 花果期 6～12 月。

# 余甘子

叶下珠科 Phyllanthaceae | 叶下珠属 *Phyllanthus*

*Phyllanthus emblica*

**植株**：乔木，高达23米，胸径50厘米；树皮浅褐色；枝条具纵细条纹，被黄褐色短柔毛。

**叶**：叶片纸质至革质，2列，线状长圆形，长8～20毫米，宽2～6毫米，顶端截平或钝圆，有锐尖头或微凹，基部浅心形而稍偏斜，上面绿色，下面浅绿色，干后带红色或淡褐色，边缘略背卷；侧脉每边4～7条；叶柄长0.3～0.7毫米；托叶三角形，长0.8～1.5毫米，褐红色，边缘有睫毛。

**花**：多朵雄花和1朵雌花或全为雄花组成腋生的聚伞花序；雄花花梗长1～2.5毫米，萼片6片，萼片膜质，黄色，长倒卵形或匙形，近相等，长1.2～2.5毫米，宽0.5～1毫米，顶端钝或圆，边缘全缘或有浅齿，雄蕊3枚，花丝合生成长0.3～0.7毫米的柱，花药直立，长圆形，长0.5～0.9毫米，顶端具短尖头，药室平行，纵裂；花粉近球形，直径17.5～19微米，具4～6孔沟，内孔多长椭圆形，花盘腺体6个，近三角形；雌花花梗长约0.5毫米，萼片6枚，长圆形或匙形，长1.6～2.5毫米，宽0.7～1.3毫米，顶端钝或圆，较厚，边缘膜质，多少具浅齿；花盘杯状，包藏子房达一半以上，边缘撕裂；子房卵圆形，长约1.5毫米，3室，花柱3枚，长2.5～4毫米，基部合生，顶端2裂，裂片顶端再2裂。

**果实和种子**：蒴果呈核果状，圆球形，直径1～1.3厘米，外果皮肉质，绿白色或淡黄白色，内果皮硬壳质；种子略带红色，长5～6毫米，宽2～3毫米。

**花果期**：花期4～6月，果期7～9月。

# 西域旌节花

*Stachyurus himalaicus*

**旌节花科** Stachyuraceae | **旌节花属** *Stachyurus*

**植株**：落叶灌木或小乔木，高 3 ~ 5 米；树皮平滑，棕色或深棕色，小枝褐色，具浅色皮孔。

**叶**：叶片坚纸质至薄革质，披针形至长圆状披针形，长 8 ~ 13 厘米，宽 3.5 ~ 5.5 厘米，先端渐尖至长渐尖，基部钝圆，边缘具细而密的锐锯齿，齿尖骨质并加粗；侧脉 5 ~ 7 对，两面均凸起，细脉网状；叶柄紫红色，长 0.5 ~ 1.5 厘米。

**花**：穗状花序腋生，长 5 ~ 13 厘米，无总梗，通常下垂，基部无叶；花黄色，长约 6 毫米，几无梗；苞片 1 枚，三角形，长约 2 毫米；小苞片 2 枚，宽卵形，顶端急尖，基部联合；萼片 4 枚，宽卵形，长约 3 毫米，顶端钝；花瓣 4 枚，倒卵形，长约 5 毫米，宽约 3.5 毫米；雄蕊 8 枚，长 4 ~ 5 厘米，通常短于花瓣；花药黄色，2 室，纵裂；子房卵状长圆形，连花柱长约 6 毫米，柱头头状。

**果实和种子**：果实近球形，直径 7 ~ 8 厘米，无梗或近无梗，具宿存花柱；花粉粒球形或长球形，极面观为三角形或三角圆形，赤道面观为圆形，具三孔沟。

**花果期**：花期 3 ~ 4 月，果期 5 ~ 8 月。

# 白头树

*Garuga forrestii*

**橄榄科** Burseraceae | **嘉榄属** *Garuga*

**植株**：落叶乔木，高 10 ~ 15（~25）米；幼枝密被柔毛，老枝无毛，紫褐色，有纵条纹及明显的叶痕。

**叶**：叶有小叶 11 ~ 19 枚，幼时密被柔毛，后渐脱落而无毛；小叶近无柄，披针形至椭圆状长圆形，先端渐尖，基部圆形或阔楔形，具浅齿，有圆形小托叶；最下一对小叶小，长约 1 厘米，常早落；中间一对长 7 ~ 12 厘米，宽 2 ~ 4 厘米，侧脉 10 ~ 16 对；顶生小叶长 5 ~ 7 厘米，具柄，柄长约 1.5 厘米。

**花**：圆锥花序侧生和腋生，常多数聚集于近小枝顶部，长 14 ~ 25（~35）厘米，多次分枝，花轴及分枝纤细，密被直立的柔毛；花白色，长约 3 毫米，花托杯状，外被绒毛；萼片近钻形，长 0.2 厘米，两面被毛；花瓣卵形，长约 3 毫米，外被绒毛；雄蕊近等长；子房无柄，球形，和花柱被疏柔毛，柱头 5 浅裂；果序有许多不结实的线形花梗。

**果实和种子**：果近卵形，一侧肿胀，横切面多少呈钝三角形，长 0.7 ~ 1 厘米，直径 0.6 ~ 0.8厘米，两端尖，先端具喙而偏斜一侧，基部有宿存的浅杯状花萼。

**花果期**：花期 4 月，果期 5 ~ 11 月。

## 矮黄栌

*Cotinus nana*

**漆树科** Anacardiaceae | **黄栌属** *Cotinus*

**植株**：矮小灌木，高 0.5 ~ 1.5 米；小枝圆柱形，幼枝紫褐色，无毛。

**叶**：叶互生，较小，革质，圆形或卵圆形，长和宽 1 ~ 2 厘米，先端圆形，基部圆形或近楔形，全缘，两面无毛，叶背被白粉，侧脉和细脉在叶面突起；叶柄纤细，长 3 ~ 6 毫米。

**花**：圆锥花序顶生，多分枝，被腺状疏柔毛；花小，单性或杂性，粉红色，径约 3 毫米；花瓣长圆形或长圆状椭圆形，长 2 ~ 2.5 毫米，具紫红色脉纹，无毛；雄蕊长约 1.5 毫米，花丝线形，比花药略长，约 0.9 毫米，花药卵状长圆形，在雌花中不育雄蕊较小；花盘无毛；子房偏斜，近球形，径约 0.7 毫米，疏被微柔毛；花柱 3 枚，柱头近头状。

**果实和种子**：核果近肾形，长 3 ~ 4 毫米，宽 2.5 ~ 3 毫米，压扁，褐色，疏被微柔毛。

**花果期**：花期 7 ~ 8 月，果期 9 ~ 10 月。

# 清香木

**漆树科** Anacardiaceae | **黄连木属** *Pistacia*

*Pistacia weinmannifolia*

**植株**：灌木或小乔木，高2~8米，稀达10~15米；树皮灰色，小枝具棕色皮孔，幼枝被灰黄色微柔毛。

**叶**：偶数羽状复叶互生，有小叶4~9对，叶轴具狭翅，上面具槽，被灰色微柔毛，叶柄被微柔毛；小叶革质，长圆形或倒卵状长圆形，较小，长1.3~3.5厘米，宽0.8~1.5厘米，稀较大，先端微缺，具芒刺状硬尖头，基部略不对称，阔楔形，全缘，略背卷；两面中脉上被极细微柔毛，侧脉在叶面微凹，在叶背明显突起；小叶柄极短。

**花**：花序腋生，与叶同出，被黄棕色柔毛和红色腺毛；花小，紫红色，无梗，苞片1枚，卵圆形，内凹，径约1.5毫米，外面被棕色柔毛，边缘具细睫毛；雄花花被片5~8枚，长圆形或长圆状披针形，长1.5~2毫米，膜质，半透明，先端渐尖或呈流苏状，外面2~3枚边缘具细睫毛，雄蕊5枚，稀7枚，花丝极短，花药长圆形，先端细尖，不育雌蕊存在；雌花花被片7~10枚，卵状披针形，长1~1.5毫米，膜质，先端细尖或略呈流苏状，外面2~5片边缘具睫毛，无不育雄蕊；子房圆球形，径约0.7毫米，无毛；花柱极短，柱头3裂，外弯。

**果实和种子**：核果球形，长约5毫米，径约6毫米，成熟时红色，先端细尖。

**花果期**：花期3~5月，果期6~8月。

## 盐麸木

*Rhus chinensis*

漆树科 Anacardiaceae | 盐麸木属 *Rhus*

**植株**：落叶小乔木或灌木，高 2 ~ 10 米；小枝棕褐色，被锈色柔毛，具圆形小皮孔。

**叶**：奇数羽状复叶有小叶（2 ~ ）3 ~ 6 对，叶轴具宽的叶状翅，小叶自下而上逐渐增大，叶轴和叶柄密被锈色柔毛；小叶多形，卵形或椭圆状卵形或长圆形，长 6 ~ 12 厘米，宽 3 ~ 7 厘米，先端急尖，基部圆形，顶生小叶基部楔形，边缘具粗锯齿或圆齿，叶面暗绿色，叶背粉绿色，被白粉，叶面沿中脉疏被柔毛或近无毛，叶背被锈色柔毛，脉上较密，侧脉和细脉在叶面凹陷，在叶背突起；小叶无柄。

**花**：圆锥花序宽大，多分枝，雄花序长 30 ~ 40 厘米，雌花序较短，密被锈色柔毛；苞片披针形，长约 1 毫米，被微柔毛，小苞片极小；花白色，花梗长约 1 毫米，被微柔毛；雄花花萼外面被微柔毛，裂片长卵形，长约 1 毫米，边缘具细睫毛，花瓣倒卵状长圆形，长约 2 毫米，开花时外卷，雄蕊伸出，花丝线形，长约 2 毫米，无毛，花药卵形，长约 0.7 毫米，子房不育；雌花花萼裂片较短，长约 0.6 毫米，外面被微柔毛，边缘具细睫毛，花瓣椭圆状卵形，长约 1.6 毫米，边缘具细睫毛，里面下部被柔毛，雄蕊极短；花盘无毛，子房卵形，长约 1 毫米，密被白色微柔毛，花柱 3 枚，柱头头状。

**果实和种子**：核果球形，略压扁，径 4 ~ 5 毫米，被具节柔毛和腺毛，成熟时红色，果核径 3 ~ 4 毫米。

**花果期**：花期 8 ~ 9 月，果期 10 月。

## 漆

**漆树科** Anacardiaceae | **漆树属** *Toxicodendron*

*Toxicodendron vernicifluum*

**植株**：落叶乔木，高达 20 米；树皮灰白色，粗糙，呈不规则纵裂，小枝粗壮，被棕黄色柔毛，后变无毛，具圆形或心形的大叶痕和突起的皮孔；顶芽大而显著，被棕黄色绒毛。

**叶**：奇数羽状复叶互生，常螺旋状排列，有小叶 4～6 对，叶轴圆柱形，被微柔毛；叶柄长 7～14 厘米，被微柔毛，近基部膨大，半圆形，上面平；小叶膜质至薄纸质，卵形或卵状椭圆形或长圆形，长 6～13 厘米，宽 3～6 厘米，先端急尖或渐尖，基部偏斜，圆形或阔楔形，全缘，叶面通常无毛或仅沿中脉疏被微柔毛，叶背沿脉上被平展黄色柔毛，稀近无毛，侧脉 10～15 对，两面略突；小叶柄长 4～7 毫米，上面具槽，被柔毛。

**花**：圆锥花序长 15～30 厘米，与叶近等长，被灰黄色微柔毛，序轴及分枝纤细，疏花；花黄绿色，雄花花梗纤细，长 1～3 毫米，雌花花梗短粗；花萼无毛，裂片卵形，长约 0.8 毫米，先端钝；花瓣长圆形，长约 2.5 毫米，宽约 1.2 毫米，具细密的褐色羽状脉纹，先端钝，开花时外卷；雄蕊长约 2.5 毫米，花丝线形，与花药等长或近等长，在雌花中较短，花药长圆形，花盘 5 浅裂，无毛；子房球形，径约 1.5 毫米，花柱 3 枚。

**果实和种子**：果序多少下垂，核果肾形或椭圆形，不偏斜，略压扁，长 5～6 毫米，宽 7～8毫米，先端锐尖，基部截形；外果皮黄色，无毛，具光泽，成熟后不裂，中果皮蜡质，具树脂道条纹；果核棕色，与果同形，长约 3 毫米，宽约 5 毫米，坚硬。

**花果期**：花期 5～6 月，果期 7～10 月。

## 深灰槭

*Acer caesium*

**无患子科** Sapindaceae | **槭属** *Acer*

**植株：**落叶乔木，高约 15～20 米，稀达 25 米；树皮灰色；小枝圆柱形，淡紫褐色，有时略有白粉，无毛；冬芽卵圆形，鳞片钝尖，边缘纤毛状。

**叶：**叶纸质，基部心脏形，宽 15～21 厘米，长 12～14 厘米，常 5 裂，裂片三角形，边缘牙齿状，尖头长 1～1.5 厘米，裂片间的凹缺钝形，上面绿色，下面被白粉，深灰色；主脉 5 条，侧脉 7～9 对，均在下面显著；叶柄长 10～15 厘米，淡紫绿色，无毛。

**花：**伞房花序着生于小枝顶端，长 6 厘米，直径约 7 厘米，总花梗长 2～3 厘米；花淡黄绿色，杂性，雄花与两性花同株；萼片 5 枚，淡黄绿色，长圆形或倒卵状长圆形，长 5 毫米，宽 3 毫米；花瓣 5 枚，白色；倒披针形，长 5 毫米，宽 1.5 毫米；雄蕊 8 枚，长 3～5 毫米，在两性花中较短；花盘无毛，微凹缺，位于雄蕊外侧；子房紫色，被疏柔毛，花柱上段 2 裂，柱头反卷。

**果实和种子：**翅果长 4～5 厘米，张开近于直立；小坚果凸起，深褐色，直径 8 毫米，嫩时被疏柔毛；翅倒卵形，嫩时淡紫绿色，成熟后淡黄色。

**花果期：**花期 5 月，果期 9 月。

# 长尾槭

*Acer caudatum*

**无患子科** Sapindaceae | **槭属** *Acer*

**植株**：落叶乔木，高达 20 米；小枝粗壮，当年生枝紫色或紫绿色，近于无毛，多年生枝灰色或灰黄色，具椭圆形或长圆形皮孔，冬芽卵圆形，鳞片卵形，外侧被淡黄色短柔毛。

**叶**：叶薄纸质，基部心脏形或深心脏形，长 8 ~ 12 厘米，宽 8 ~ 12 厘米，稀达 15 厘米；常 5 裂，稀 7 裂；裂片三角卵形，先端尾状锐尖，边缘有锐尖的重锯齿，裂片间的凹缺锐尖，深达叶片长度的 1/3；上面深绿色，除叶脉的基部被毛外，其余部分无毛，下面淡绿色，嫩时有淡黄色短柔毛，成熟时除叶脉上有短柔毛外，其余部分无毛；主脉在上面略凹下，在下面凸起，侧脉 10 ~ 11 对，在下面较在上面显著，小叶脉在上面不显著，在下面显著；叶柄长 5 ~ 9 厘米，嫩时近顶端有毛，渐老时脱落。

**花**：花杂性，雄花与两性花同株，常成密被黄色长柔毛的顶生总状圆锥花序，长 8 ~ 10 厘米，总花梗长 3 ~ 5 厘米，叶长大后花始开放；萼片 5 枚，黄绿色，卵状披针形，长约 3 毫米，外侧微被短柔毛；花瓣 5 枚，淡黄色，无毛，线状长圆形或线状倒披针形，先端钝尖，长约 7 毫米；雄蕊 8 枚，无毛，比花瓣略长，着生于花盘中部，花药紫色，球形或长圆形，花盘微裂，无毛；子房密被黄色绒毛，在雄花中不发育；花柱长 1.5 毫米，2 裂，柱头平展；花梗长 5 ~ 8 毫米，细瘦，有短柔毛。

**果实和种子**：翅果淡黄褐色，常成直立总状果序；小坚果椭圆形，长 8 毫米，宽 6 毫米；翅与小坚果长 2.5 ~ 2.8 厘米，宽 7 ~ 9 毫米，张开成锐角或近于直立。

**花果期**：花期 5 月，果期 9 月。

# 青榨槭

*Acer davidii*

**无患子科** Sapindaceae | **槭属** *Acer*

**植株：**落叶乔木，高约10～15米，稀达20米；树皮黑褐色或灰褐色，常纵裂成蛇皮状；小枝细瘦，圆柱形，无毛，当年生的嫩枝紫绿色或绿褐色，具很稀疏的皮孔，多年生的老枝黄褐色或灰褐色；冬芽腋生，长卵圆形，绿褐色，长约4～8毫米；鳞片的外侧无毛。

**叶：**叶纸质，外貌长圆卵形或近于长圆形，长6～14厘米，宽4～9厘米，先端锐尖或渐尖，常有尖尾，基部近于心脏形或圆形，边缘具不整齐的钝圆齿；上面深绿色，无毛；下面淡绿色，嫩时沿叶脉被紫褐色的短柔毛，渐老成无毛状；主脉在上面显著，在下面凸起，侧脉11～12对，呈羽状，在上面微显，在下面显著；叶柄细瘦，长约2～8厘米，嫩时被红褐色短柔毛，渐老则脱落。

**花：**花黄绿色，杂性，雄花与两性花同株，顶生于着叶的嫩枝，开花与嫩叶的生长大约同时，雄花的花梗长3～5毫米，通常9～12朵常成长4～7厘米的总状花序；两性花的花梗长1～1.5厘米，通常15～30朵常成长7～12厘米的总状花序；萼片5枚，椭圆形，先端微钝，长约4毫米；花瓣5枚，倒卵形，先端圆形，与萼片等长；雄蕊8枚，无毛，在雄花中略长于花瓣，在两性花中不发育；花药黄色，球形；花盘无毛，现裂纹，位于雄蕊内侧；子房被红褐色的短柔毛，在雄花中不发育；花柱无毛，细瘦，柱头反卷。

**果实和种子：**翅果嫩时淡绿色，成熟后黄褐色；翅宽约1～1.5厘米，连同小坚果共长2.5～3厘米，展开成钝角或几成水平。

**花果期：**花期4月，果期9月。

## 丽江槭

*Acer forrestii*

**无患子科** Sapindaceae | **槭属** *Acer*

**植株**：落叶乔木，高 10 米，稀达 17 米；树皮粗糙；小枝细瘦，无毛，当年生枝紫色或红紫色，多年生枝灰褐色或深褐色；冬芽小，紫色，椭圆形，无毛。

**叶**：叶纸质，外貌长圆卵形，长 7～12 厘米，宽 5～9 厘米，基部心脏形或近于心脏形，边缘具钝尖的重锯齿，3 裂；中裂片三角卵形，先端尾状锐尖；侧裂片三角卵形，锐尖，稀短钝尖；上面深绿色或紫绿色，无毛；下面淡绿色，被白粉，除在脉腋稀被髯毛外，其余部分无毛；叶柄长 2.5～5 厘米，细瘦，无毛，紫绿色。

**花**：花黄绿色，单性，雌雄异株，常成无毛的总状花序，有 15～20 朵雄花或 5～12 朵雌花，花序顶生于着叶的小枝，发叶后始开花；萼片 5 枚，长圆卵形，先端钝形，无毛，长 3～4 毫米；花瓣 5 枚，倒卵形，先端钝形，长 3～4 毫米，宽 1.5～2 毫米；雄蕊 8 枚，无毛，与花瓣等长，在雌花中不发育，花盘无毛，微裂，位于雄蕊的内侧；子房无毛，紫红色，在雄花中不发育，花柱无毛，柱头反卷；雄花的花梗长约 3 毫米，雌花的花梗长约 6 毫米。

**果实和种子**：翅果幼嫩时紫红色，成熟以后则变为黄褐色；小坚果微扁平，直径约 7 毫米；翅连同小坚果长约 2.3～2.5 厘米，宽 6～8 毫米，张开成钝角；果梗长 6～8 毫米，细瘦，无毛。

**花果期**：花期 5 月，果期 9 月。

# 房县槭

*Acer franchetii*

**无患子科** Sapindaceae | **槭属** *Acer*

**植株：**落叶乔木，高 10～15 米；小枝粗壮，圆柱形，当年生枝紫褐色或紫绿色，嫩时有短柔毛，多年生枝深褐色，无毛；冬芽卵圆形；外部的鳞片紫褐色，覆瓦状排列，边缘纤毛状。

**叶：**叶纸质，长 10～20 厘米，宽 11～23 厘米，基部心脏形或近于心脏形，通常 3 裂，稀 5 裂，边缘有很稀疏而不规则的锯齿；中裂片卵形，先端渐尖，侧生的裂片较小，先端钝尖，向前直伸；上面深绿色，下面淡绿色，嫩时两面都有很稀疏的短柔毛，下面的毛较多；叶脉上的短柔毛更密，渐老时毛逐渐脱落，除上面的脉腋有丛毛外，其余部分近于无毛；主脉 5 条，稀 3 条，与侧脉均在上面显著，在下面凸起；叶柄长 3～6 厘米。

**花：**总状花序或圆锥总状花序，自小枝旁边无叶处生出，先叶或与叶同时发育；花黄绿色，单性，雌雄异株；萼片 5 枚，长圆卵形，长 4.5 毫米，边缘有纤毛；花瓣 5 枚，与萼片等长；花盘无毛。

**果实和种子：**果序长 6～8 厘米。小坚果特别凸起，近于球形，直径 8～10 毫米，褐色，嫩时被淡黄色疏柔毛；翅镰刀形，宽 1.5 厘米，连同小坚果长 44.5 厘米，张开成锐角；果梗长 1～2 厘米，有短柔毛。

**花果期：**花期 5 月，果期 9 月。

**无患子科** Sapindaceae | **槭属** *Acer*

# 贡山槭

*Acer kungshanense*

**植株**：落叶乔木，高15~20米，树皮灰色，纵裂；小枝圆柱形或微呈棱角状，当年生枝紫褐色，有长圆椭圆形或近于圆形的皮孔，多年生枝紫褐色或深紫褐色；冬芽圆锥状，紫色；鳞片钝尖，边缘纤毛状。

**叶**：叶近于革质，基部心脏形，长和宽均约15~25厘米，3裂；裂片卵形，先端锐尖，向侧面伸展，边缘具稀疏的圆齿；上面深绿色，被很稀疏的短柔毛在叶脉上更密，下面淡绿色，有密而宿存的淡黄色短柔毛；主脉3条，侧脉21~24对，均在下面较上面更为显著；小叶脉仅在背面微显著；叶柄长9~12厘米，近顶端部分有短柔毛。

**花**：花的特性未详。

**果实和种子**：果序圆锥状；小坚果凸起，近于球形，有淡黄色疏柔毛；翅镰刀形，黄褐色，宽1.5~1.7厘米，连同小坚果长4~4.5厘米，伸展近于直立。

**花果期**：花期不明，果期9月。

# 五裂槭

*Acer oliverianum*

**无患子科** Sapindaceae | **槭属** *Acer*

**植株**：落叶小乔木，高4~7米；树皮平滑，淡绿色或灰褐色，常被蜡粉；小枝细，无毛或微被短柔毛，当年生嫩枝紫绿色，多年生老枝淡褐绿色；冬芽卵圆形，鳞片近于无毛。

**叶**：叶纸质，近圆形，长4~8厘米，宽5~9厘米，基部近心形或近平截；裂片三角状卵形或长圆卵形，5裂，先端锐尖，边缘有紧密的细锯齿；裂片间的凹缺锐尖，深达叶片的1/3或1/2，上面深绿色或略带黄色，无毛，下面淡绿色，脉腋具簇生毛，叶脉两面显著；叶柄无毛或近顶端微被柔毛；主脉在上面显著，在下面凸起，侧脉在上面微显著，在下面显著；叶柄长2.5~5厘米，细瘦，无毛或靠近顶端部分微有短柔毛。

**花**：花杂性，雄花与两性花同株，常生成无毛的伞房花序，萼片5枚，紫绿色，卵形或椭圆卵形，先端钝圆，长3~4毫米；花瓣5枚，淡白色，卵形，先端钝圆，长3~4毫米；雄蕊8枚，生于雄花者比花瓣稍长，花丝无毛，花药黄色，雌花的雄蕊很短；花盘微裂，位于雄蕊的外侧；子房微有长柔毛；花柱无毛，长2毫米，2裂，柱头反卷。

**果实和种子**：小坚果凸起，长6毫米，宽4毫米，脉纹显著；翅嫩时淡紫色，成熟时黄褐色，镰刀形，连同小坚果共长3~3.5厘米，宽1厘米，张开近水平。

**花果期**：花期5月，果期9月。

# 篦齿槭

*Acer pectinatum*

**无患子科** Sapindaceae | **槭属** *Acer*

**植株**：落叶乔木，高 5 ~ 8 米，树皮深褐色，平滑；小枝淡紫色或淡紫绿色，无毛，微呈棱角状；冬芽淡紫色；鳞片交互对生。

**叶**：叶纸质，轮廓近于圆形，长 7 ~ 10 厘米，宽 6 ~ 8 厘米；基部心脏形或深心脏形，3 裂或基部的裂片发育而成 5 裂，中裂片卵形，先端尾状锐尖，尖尾长约 1 厘米，侧裂片三角形，先端锐尖，常短于中裂片，稍向侧面伸展，基部裂片细小，钝尖，有时不发育；裂片间的凹缺钝形，边缘有锐尖的细锯齿，上面深绿色、无毛，干后淡黄绿色，下面淡绿色，嫩时沿叶脉被棕色长柔毛，渐老无毛；主脉 5 对，在上面微显著，在下面显著，侧脉 8 ~ 9 对，在两面均仅微显著，小叶脉不显著；叶柄淡紫红色，无毛，长 6 ~ 7 厘米。

**花**：总状花序，长 4 厘米，淡紫色、无毛；花单性，异株；雄花萼片 5 枚，淡紫绿色，长圆倒卵形，长 5 毫米；花瓣 5 枚，阔倒卵形，淡黄绿色，与萼片等长；雄蕊 8 枚，长 2 毫米，花丝无毛；花盘位于雄蕊内侧；雌花的特征未详。

**果实和种子**：翅果嫩时淡紫红色，后变淡黄色；小坚果微扁平，长 7 毫米，宽 4 毫米；翅镰刀形，宽 8 毫米，连同小坚果长 2.2 ~ 2.5 厘米，稀更长，张开近于水平；果梗长约 5 ~ 7 毫米，细瘦，无毛。

**花果期**：花期 4 月下旬，果期 9 月。

# 五角槭

*Acer pictum* subsp. *mono*

**无患子科** Sapindaceae | **槭属** *Acer*

**植株：**落叶乔木，高达15～20米；树皮粗糙，常纵裂，灰色，稀深灰色或灰褐色；小枝细瘦，无毛，当年生枝绿色或紫绿色，多年生枝灰色或淡灰色，具圆形皮孔；冬芽近于球形；鳞片卵形，外侧无毛，边缘具纤毛。

**叶：**叶纸质，基部截形或近于心脏形；叶片的外貌近于椭圆形，长6～8厘米，宽9～11厘米，常5裂，有时3裂及7裂的叶生于同一树上；裂片卵形，先端锐尖或尾状锐尖，全缘，裂片间的凹缺常锐尖，深达叶片的中段，上面深绿色，无毛，下面淡绿色，除了在叶脉上或脉腋被黄色短柔毛外，其余部分无毛；主脉5条，在上面显著，在下面微凸起，侧脉在两面均不显著；叶柄长4～6厘米，细瘦，无毛。

**花：**花多数，杂性，雄花与两性花同株，多数常成无毛的顶生圆锥状伞房花序，长与宽均约4厘米，生于有叶的枝上，花序的总花梗长1～2厘米，花的开放与叶的生长同时；萼片5枚，黄绿色，长圆形，顶端钝形，长2～3毫米；花瓣5枚，淡白色，椭圆形或椭圆倒卵形，长约3毫米；雄蕊8枚，无毛，比花瓣短，位于花盘内侧的边缘，花药黄色，椭圆形；子房无毛或近于无毛，在雄花中不发育，花柱无毛，很短，柱头2裂，反卷；花梗长1厘米，细瘦，无毛。

**果实和种子：**翅果嫩时紫绿色，成熟时淡黄色；小坚果压扁状，长1～1.3厘米，宽5～8毫米；翅长圆形，宽5～10毫米，连同小坚果长2～2.5厘米，张开成锐角或近于钝角。

**花果期：**花期5月，果期9月。

# 四蕊槭

**无患子科** Sapindaceae | **槭属** *Acer*

*Acer stachyophyllum* subsp. *betulifolium*

**植株**：落叶乔木，高约7～12米；树皮平滑，灰褐色或深褐色；小枝细瘦，无毛及皮孔，紫色或紫绿色；冬芽卵圆形；鳞片淡紫色，卵形，外侧无毛，边缘微被纤毛。

**叶**：叶纸质，卵形或长圆卵形，长6～8厘米，宽4～5厘米，基部圆形或近于截形，先端锐尖至渐尖，具尖尾，边缘有大小不等的锐尖锯齿；上面深绿色，嫩时被稀疏的短柔毛，渐老毛均脱落，下面淡绿色，嫩时微被灰色短柔毛，叶脉上较密，渐老时毛脱落，除脉腋被白色丛毛外，其余部分无毛；脉在上面显著，在下面略凸起，侧脉4～6对，在上面微现，在下面显著；叶柄细瘦，长2.5～5厘米，嫩时微被柔毛，渐老时无毛。

**花**：花黄绿色，单性，雌雄异株，成无毛而细瘦的总状花序；雄花的总状花序很短，几无总花梗，由无叶的小枝旁边的侧芽生出，具3～5花，花梗长1～1.5厘米；雌花的总状花序长4～5厘米，总花梗长8～15毫米，生于仅具2叶的短枝的顶端，有5～8花，花梗长8～20毫米；萼片4枚，长圆卵形，先端钝形，长3毫米；花瓣4枚，长圆椭圆形，与萼片等长或微长于萼片；雄花中有雄蕊4枚，稀5～6枚，较花瓣长1/3～1/2，常伸出于花外，花药阔椭圆形，黄色，花丝瘦弱；花盘位于雄蕊的内侧，无毛，现裂痕；子房紫色，无毛，花柱无毛，长1.5毫米，柱头反卷。

**果实和种子**：翅果嫩时紫色，成熟时黄褐色，常5～10余枚组成细瘦而下垂的总状果序；小坚果长卵圆形，有显著的脉纹，长8毫米，宽6毫米；翅长圆形，基部微狭窄，宽1～1.2厘米，连同小坚果长3～3.5厘米，张开成直角至近于直立。

**花果期**：花期4月下旬～5月上旬，果期9月。

## 车桑子

*Dodonaea viscosa*

**无患子科** Sapindaceae | **车桑子属** *Dodonaea*

**植株**：灌木或小乔木，高1~3米或更高；小枝扁，有狭翅或棱角，覆有胶状黏液。

**叶**：单叶，纸质，形状和大小变异很大，线形、线状匙形、线状披针形、倒披针形或长圆形，长5~12厘米，宽0.5~4厘米，顶端短尖、钝或圆，全缘或不明显的浅波状，两面有黏液，无毛，干时光亮；侧脉多而密，甚纤细；叶柄短或近无柄。

**花**：花序顶生或在小枝上部腋生，比叶短，密花，主轴和分枝均有棱角；花梗纤细，长2~5毫米，有时可达1厘米；萼片4枚，披针形或长椭圆形，长约3毫米，顶端钝；雄蕊7枚或8枚，花丝长不及1毫米，花药长2.5毫米，内屈，有腺点；子房椭圆形，外面有胶状黏液，2室或3室；花柱长约6毫米，顶端2深裂或3深裂。

**果实和种子**：蒴果倒心形或扁球形，2翅或3翅，高1.5~2.2厘米，连翅宽1.8~2.5厘米；种皮膜质或纸质，有脉纹；种子每室1颗或2颗，透镜状，黑色。

**花果期**：花期秋末，果期冬末春初。

# 多脉茵芋

*Skimmia multinervia*

**芸香科** Rutaceae | **茵芋属** *Skimmia*

**植株**：小乔木，高可达 13 米；小枝粗壮，成长枝苍灰色，散生清晰可见的皮孔。

**叶**：叶革质，倒披针形，很少狭长圆形，长 10 ~ 18 厘米，宽 3 ~ 5 厘米，边缘略向背卷，中脉在叶面稍凸起，侧脉每边 12 ~ 20 条，在叶缘附近上下连接，干状态时在叶面轻微凸起，很少不显露；叶柄粗壮，长 1 ~ 2 厘米。

**花**：雄花两性花异株，花淡黄白色，多花集生成金字塔形、长 2 ~ 6 厘米的圆锥花序，花序轴初时甚短，被微柔毛，结果时伸长；花梗粗壮但甚短；苞片卵形，长 1 ~ 2 毫米，边缘被短毛；萼裂片卵形，长约 2 毫米，均被缘毛；花瓣 5 枚，盛花时明显反折，倒卵状长圆形或长圆形，长 4 ~ 5 毫米；雄蕊 5 枚，比雄花的花瓣长，与两性花的花瓣约等长；雄花的退化雌蕊棒状，长达 1.5 毫米，顶部不分裂或极浅裂，裂瓣 3 ~ 4 枚；两性花的子房圆球形，5 室；花柱长约 1.5 毫米，柱头头状。

**果实和种子**：果蓝黑色，近圆球形或略扁，径 6 ~ 8 毫米；有种子 4 粒或 5 粒，有时 3 粒。

**花果期**：花期 4 ~ 6 月，果期 7 ~ 9 月。

# 花　椒

*Zanthoxylum bungeanum*

芸香科 Rutaceae | 花椒属 *Zanthoxylum*

**植株**：落叶小乔木，高 3 ~ 7 米；茎干上的刺常早落，枝有短刺，小枝上的刺基部宽而扁直，长三角形；当年生枝被短柔毛。

**叶**：叶有小叶 5 ~ 13 片，叶轴常有甚狭窄的叶翼；小叶对生，无柄，卵形，椭圆形，稀披针形，位于叶轴顶部的较大，近基部的有时圆形，长 2 ~ 7 厘米，宽 1 ~ 3.5 厘米；叶缘有细裂齿，齿缝有油点，其余无或散生肉眼可见的油点；叶背基部中脉两侧有丛毛或小叶两面均被柔毛，中脉在叶面微凹陷，叶背干后常有红褐色斑纹。

**花**：花序顶生或生于侧枝之顶，花序轴及花梗密被短柔毛或无毛；花被片 6 ~ 8 片，黄绿色，形状及大小大致相同；雄花的雄蕊 5 枚，多至 8 枚；退化雌蕊顶端叉状浅裂；雌花很少有发育雄蕊，有心皮 3 个或 2 个，间有 4 个，花柱斜向背弯。

**果实和种子**：果紫红色，单个分果瓣径 4 ~ 5 毫米，散生微凸起的油点，顶端有甚短的芒尖或无；种子长 3.5 ~ 4.5 毫米。

**花果期**：花期 4 ~ 5 月，果期 8 ~ 9 月或 10 月。

# 川 楝

*Melia toosendan*

**楝科** Meliaceae | **楝属** *Melia*

**植株**：落叶乔木，高达 10 余米；树皮灰褐色，纵裂；分枝广展，小枝有叶痕。

**叶**：叶为 2 ~ 3 回奇数羽状复叶，长 20 ~ 40 厘米；小叶对生，卵形、椭圆形至披针形，顶生一片通常略大，长 3 ~ 7 厘米，宽 2 ~ 3 厘米，先端短渐尖，基部楔形或宽楔形，多少偏斜，边缘有钝锯齿，幼时被星状毛，后两面均无毛，侧脉每边 12 ~ 16 条，广展，向上斜举。

**花**：圆锥花序约与叶等长，无毛或幼时被鳞片状短柔毛；花芳香；花萼 5 深裂，裂片卵形或长圆状卵形，先端急尖，外面被微柔毛；花瓣淡紫色，倒卵状匙形，长约 1 厘米，两面均被微柔毛，通常外面较密；雄蕊管紫色，无毛或近无毛，长 7 ~ 8 毫米，有纵细脉，管口有钻形、2 ~ 3 齿裂的狭裂片 10 枚，花药 10 枚，着生于裂片内侧，且与裂片互生，长椭圆形，顶端微凸尖；子房近球形，5 ~ 6 室，无毛，每室有胚珠 2 颗；花柱细长，柱头头状，顶端具 5 齿，不伸出雄蕊管。

**果实和种子**：核果球形至椭圆形，长 1 ~ 2 厘米，宽 8 ~ 15 毫米；内果皮木质，4 ~ 5 室，每室有种子 1 颗；种子椭圆形。

**花果期**：花期 4 ~ 5 月，果期 10 ~ 12 月。

# 红 椿

*Toona ciliata*

楝科 Meliaceae | 香椿属 *Toona*

**植株**：大乔木，高可达20余米；小枝初时被柔毛，渐变无毛，有稀疏的苍白色皮孔。

**叶**：叶为偶数或奇数羽状复叶，长25～40厘米，通常有小叶7～8对；叶柄长约为叶长的1/4，圆柱形；小叶对生或近对生，纸质，长圆状卵形或披针形，长8～15厘米，宽2.5～6厘米，先端尾状渐尖，基部一侧圆形，另一侧楔形，不等边，边全缘，两面均无毛或仅于背面脉腋内有毛，侧脉每边12～18条，背面凸起；小叶柄长5～13毫米。

**花**：圆锥花序顶生，约与叶等长或稍短，被短硬毛或近无毛；花长约5毫米，具短花梗，长1～2毫米；花萼短，5裂，裂片钝，被微柔毛及睫毛；花瓣5枚，白色，长圆形，长4～5毫米，先端钝或具短尖，无毛或被微柔毛，边缘具睫毛；雄蕊5枚，约与花瓣等长，花丝被疏柔毛，花药椭圆形；花盘与子房等长，被粗毛；子房密被长硬毛，每室有胚珠8～10颗；花柱无毛，柱头盘状，有5条细纹。

**果实和种子**：蒴果长椭圆形，木质，干后紫褐色，有苍白色皮孔，长2～3.5厘米；种子两端具翅，翅扁平，膜质。

**花果期**：花期4～6月，果期10～12月。

# 云南梧桐

**锦葵科** Malvaceae | **梧桐属** *Firmiana*

*Firmiana major*

**植株**：落叶乔木，高达 15 米；树干直，树皮青带灰黑色，略粗糙；小枝粗壮，被短柔毛。

**叶**：叶掌状 3 裂，长 17 ~ 30 厘米，宽 19 ~ 40 厘米，宽度常比长度大，顶端急尖或渐尖，基部心形，上面几无毛，下面密被黄褐色短茸毛，后来逐渐脱落，基生脉 5 ~ 7 条；叶柄粗壮，长 15 ~ 45 厘米，初被短柔毛，后无毛。

**花**：圆锥花序顶生或腋生，花紫红色；萼 5 深裂几至基部，萼片条形或矩圆状条形，长约 12 毫米，被毛；雄花的雌雄蕊柄长管状，花药集生在雌雄蕊柄顶端呈头状；雌花的子房具长柄，子房 5 室，外被茸毛，胚珠多数，有不发育的雄蕊。

**果实和种子**：蓇葖果膜质，长约 7 厘米，宽 4.5 厘米，几无毛；种子圆球形，直径约 8 毫米，黄褐色，表面有皱纹，着生在心皮边缘的近基部。

**花果期**：花期 6 ~ 7 月，果期 10 月。

# 椴　树

*Tilia tuan*

**锦葵科** Malvaceae | **椴属** *Tilia*

**植株：** 乔木，高 20 米，树皮灰色，直裂；小枝近秃净，顶芽无毛或有微毛。

**叶：** 叶卵圆形，长 7 ~ 14 厘米，宽 5.5 ~ 9 厘米，先端短尖或渐尖，基部单侧心形或斜截形，上面无毛，下面初时有星状茸毛，以后变秃净，在脉腋有毛丛，干后灰色或褐绿色，侧脉 6 ~ 7 对，边缘上半部有疏而小的齿突；叶柄长 3 ~ 5 厘米，近秃净。

**花：** 聚伞花序长 8 ~ 13 厘米，无毛；花柄长 7 ~ 9 毫米；苞片狭窄倒披针形，长 10 ~ 16 厘米，宽 1.5 ~ 2.5 厘米，无柄，先端钝，基部圆形或楔形，上面通常无毛，下面有星状柔毛，下半部 5 ~ 7 厘米与花序柄合生；萼片长圆状披针形，长 5 毫米，被茸毛，内面有长茸毛；花瓣长 7 ~ 8 毫米；退化雄蕊长 6 ~ 7 毫米；雄蕊长 5 毫米；子房有毛；花柱长 4 ~ 5 毫米。

**果实和种子：** 果实球形，宽 8 ~ 10 毫米，无棱，有小突起，被星状茸毛。

**花果期：** 花期 7 月，果期 9 月。

# 橙花瑞香

**瑞香科** Thymelaeaceae | **瑞香属** *Daphne*

*Daphne aurantiaca*

**植株**：矮小灌木，高0.6~1.2米，多分枝；枝短，幼时红褐色或褐色，无毛，顶端常被淡白色粉，老时棕褐色或褐色。

**叶**：叶小，对生或近于对生，常密集簇生于枝顶，纸质或近革质，倒卵形或卵形或椭圆形，长0.8~2.3厘米，宽0.4~1.2厘米，先端钝形或急尖，具尖头，基部楔形或钝形，边缘反卷，上面深绿色，干燥后棕褐色或茶褐色，下面干燥后灰绿色或灰褐色，两面无毛，通常具白粉，中脉在上面凹下，下面隆起，侧脉不明显；叶柄长1~2毫米。

**花**：花橙黄色，芳香，2~5朵簇生于枝顶或部分腋生，无毛；叶状苞片长卵形或卵状披针形，长2~5毫米，宽1~1.5毫米，顶端渐尖，上面淡白色，无毛，有时微具白色柔毛；花梗短，长约1毫米；花萼筒漏斗状圆筒形，长8~11毫米，外面无毛，裂片4枚，大小不一，宽卵形或卵状椭圆形，长2.5~4毫米，宽2~3毫米，顶端钝形；雄蕊8枚，2轮，下轮着生于花萼筒的中部，上轮着生于花萼筒的喉部稍下面；花药顶端与裂片基部接触，长圆形；花丝短，长约1毫米；花盘通常一侧发达，近方形，长1.2毫米，常深裂为2鳞片状；子房无毛，长卵状椭圆形，长2~3毫米；花柱长0.7毫米，柱头头状。

**果实和种子**：果实球形。

**花果期**：花期5~6月，果期8月。

# 凹叶瑞香

*Daphne retusa*

瑞香科 Thymelaeaceae | 瑞香属 *Daphne*

**植株：**常绿灌木，高0.4～1.5米；分枝密而短，稍肉质，当年生枝灰褐色，密被黄褐色糙伏毛，一年生枝粗伏毛部分脱落，多年生枝无毛，灰黑色，叶迹明显，较大。

**叶：**叶互生，常簇生于小枝顶部，革质或纸质，长圆形至长圆状披针形或倒卵状椭圆形，长1.4～4（～7）厘米，宽0.6～1.4厘米，先端钝圆形，尖头凹下，幼时具1束白色柔毛，基部下延，楔形或钝形，边缘全缘，微反卷，上面深绿色，多皱纹，下面淡绿色，两面均无毛；中脉在上面凹下，下面稍隆起，侧脉在两面不明显；叶柄极短或无。

**花：**花外面紫红色，内面粉红色，无毛，芳香，数花组成头状花序，顶生；花序梗短，长2毫米，密被褐色糙伏毛，花梗极短或无，长约1毫米，密被褐色糙伏毛；苞片易早落，长圆形至卵状长圆形或倒卵状长圆形，长5～8毫米，宽3～4毫米，顶端圆形，两面无毛，顶端具淡黄色细柔毛，边缘具淡白色长纤毛；花萼筒圆筒形，长6～8毫米，直径2～3毫米，裂片4枚，宽卵形至近圆形或卵状椭圆形，几与花萼筒等长或更长，顶端圆形至钝形，甚开展，脉纹显著；雄蕊8枚，2轮，下轮着生于花萼筒的中部，上轮着生于花萼筒的上3/4或喉部下面，微伸出或不伸出，花丝短，长约0.5毫米，花药长圆形，黄色，长1.5毫米；花盘环状，无毛；子房瓶状或柱状，长2毫米，无毛；花柱极短，柱头密被黄褐色短绒毛。

**果实和种子：**果实浆果状，卵形或近圆球形，直径7毫米，无毛，幼时绿色，成熟后红色。

**花果期：**花期4～5月，果期6～7月。

# 滇结香

*Edgeworthia gardneri*

**瑞香科** Thymelaeaceae | **结香属** *Edgeworthia*

**植株**：小乔木，高 3～4 米；茎褐红色；小枝无毛或于顶端疏被绢状毛。

**叶**：叶互生，窄椭圆形至椭圆状披针形，长 6～10 厘米，宽 2.5～3.4 厘米，先端尖，基部楔形，两面均被平贴柔毛；中脉在上面平，在下面特凸出，侧脉每边 8～9 条，在两面均明显；叶柄长约 4～8 毫米，被疏柔毛。

**花**：头状花序球形，直径约 3.5～4 厘米，具 30～50 朵花，顶生或腋生；总苞早落，苞片叶状窄披针形；花序梗长约（2～）2.5～5 厘米，向下弯垂，在开花时被白色绢毛，结果时毛全脱落；花无梗，花萼管长约 1.5 厘米，外面密被白色丝状毛，顶端 4 裂，裂片卵形，长约 3.5 毫米，宽约 2.5 毫米，先端尖或圆形，内面黄色，外面密被白色丝状毛；雄蕊 8 枚，2 列，着生于花萼管喉部；子房椭圆形，长约 5 毫米，全部密被灰白色丝状长毛；花柱线形，长约 2 毫米，被毛；柱头棒状，长约 3 毫米，具乳突；花盘鳞片膜质，浅撕裂状。

**果实和种子**：果卵形，外面全部为灰白色丝状长毛所包被；种子 1 粒，富含脂肪。

**花果期**：花期冬末春初，果期夏季。

## 澜沧荛花

*Wikstroemia delavayi*

瑞香科 Thymelaeaceae | 荛花属 *Wikstroemia*

**植株**：灌木，高 1 ~2 米，直立；多分枝，小枝幼时近圆形，黄绿色，无毛。

**叶**：叶对生，茎下部的叶较大，近花序部分的叶较小，无毛，披针状倒卵形、倒卵形或倒披针形，长 3 ~5. 5 厘米，宽 1. 6 ~2. 5 厘米，先端圆，具短而微钝的小尖头或短渐尖及锐尖，基部圆形或微心形，侧脉约 5 对，细而无光，极倾斜，上面绿色，下面苍白色。

**花**：圆锥花序顶生，长 3 ~4 厘米，有时延伸到 10 厘米；花序梗无毛，花梗长约 1 毫米，具关节；花黄绿色，常在顶端呈紫色，约长 8 ~10 毫米，宽 1 毫米，被散生的小疏柔毛，裂片 4 枚，长圆形，约长 2 毫米；雄蕊 8 枚，2 列，花药线状长圆形，长约 1 毫米，花丝短；子房倒卵形，有柄，顶端具疏柔毛，长约 2. 5 毫米；花柱短，柱头头状；花盘鳞片 1 ~2 枚或 1 枚，在顶端 2 裂。

**果实和种子**：干果圆柱形，长约 4 毫米，径约 1. 2 毫米。

**花果期**：秋季开花，随即结果。

# 丽江荛花

瑞香科 Thymelaeaceae | 荛花属 *Wikstroemia*

*Wikstroemia lichiangensis*

**植株**：灌木，高 1.5 ~ 3 米；多分枝，幼枝圆柱形，密被灰白色绒毛，渐老渐变为无毛，小枝灰黑色具皱条纹，被丝状毛。

**叶**：叶互生，纸质全缘，边缘稍反卷，倒披针形或长圆形，长 1.5 ~ 3 厘米，宽 0.5 ~ 1 厘米，先端圆或钝，基部宽楔形，上面绿色，被分散的灰白色小疏柔毛，下面淡绿色，被分散的小疏柔毛；侧脉每边 4 ~ 5 条，在上面不明显，在下面与网脉均明显。

**花**：头状花序具 5 ~ 15 朵花，顶生或生于分枝的顶端，花序梗长 5 ~ 10 毫米，被灰白色绒毛；花黄绿色，长约 1.2 厘米；花萼长约 1 厘米，径约 1 毫米，外面密被灰白色绒毛，裂片 4 枚，近圆形，长约 2 毫米，外面被绒毛，内面无毛；雄蕊 8 枚，2 列，上列在花萼管喉部着生，下列在花萼管中部稍上着生；花药长圆形，约长 1 毫米；花丝长约 0.3 毫米；花盘鳞片 1 枚，线形，顶端有时 3 裂，长约为子房之半；子房倒卵形，具柄，长约 2 毫米，密被长柔毛；花柱短，柱头头状，顶基压扁。

**果实和种子**：果窄卵形，包藏于残存花萼之内，具短柄。

**花果期**：花期夏秋。

# 沙　针

*Osyris wightiana*

檀香科 Santalaceae | 沙针属 *Osyris*

**植株**：灌木或小乔木，高 2 ~ 5 米；枝细长，嫩时呈三棱形。

**叶**：叶薄革质，灰绿色，椭圆状披针形或椭圆状倒卵形，长 2.5 ~ 6 厘米，宽 0.6 ~ 2 厘米，顶端尖，有短尖头，基部渐狭，下延而成短柄。

**花**：花小；雄花 2 ~ 4 朵集成小聚伞花序，花梗长 4 ~ 8 毫米，花被直径约 4 毫米，裂片 3 枚，花盘肉质，雄蕊 3 枚，花丝很短，不育子房呈微小的突起，位于花盘中央；雌花单生，偶 4 朵或 3 朵聚生，苞片 2 枚，花梗顶部膨大，花盘、雄蕊如同雄花，但雄蕊不育；两性花外形似雌花，但具发育的雄蕊；胚珠通常 3 枚，柱头 3 裂。

**果实和种子**：核果近球形，顶端有圆形花盘残痕，成熟时橙黄色至红色，干后浅黑色，直径 8 ~ 10 毫米。

**花果期**：花期 4 ~ 6 月，果期 10 月。

# 青皮木

*Schoepfia chinensis*

**青皮木科** Schoepfiaceae | **青皮木属** *Schoepfia*

**植株：**落叶小乔木，高 2 ~ 6 米；树皮暗灰褐色；分枝多，疏散，小枝干后黑褐色，有白色皮孔，老枝干时灰褐色。

**叶：**叶纸质或坚纸质，长椭圆形、椭圆形或卵状披针形，长 5 ~ 9 厘米，宽 2 ~ 4.5 厘米，顶端渐尖、锐尖或钝尖，有时略呈尾状，叶上面深绿色，背面淡绿色；叶脉红色，干后叶上面脉深褐色，背面脉黄褐色，侧脉每边 3 ~ 5 条，两面均明显，网脉不明显；叶柄红色，长 3 ~ 6 毫米。

**花：**花无梗，2 ~ 3（~ 4）朵，排成短穗状或近似头状花序式的螺旋状聚伞花序；花序长 2 ~ 3.5 厘米，有时花单生，总花梗长 0.5 ~ 1 厘米，果时可增长至 1 ~ 2 厘米；花萼筒大部与子房合生，上端有 4 ~ 5 枚小萼齿，无副萼；花冠管状，黄白色或淡红色，长 8 ~ 14 毫米，宽约 3 ~ 4 毫米，具 4 ~ 5 枚小裂齿；裂齿卵状三角形，长 3 ~ 4 毫米，略外卷；雄蕊着生在花冠管上，花冠内部着生雄蕊处的下部各有一束短毛；子房半埋在花盘中，下部 3 室，上部 1 室，每室 1 颗胚珠；花柱通常不伸出，偶有略伸出花冠管外。

**果实和种子：**果椭圆状或长圆形，长 0.7 ~ 1（~ 1.2）厘米，直径 0.4 ~ 0.5（~ 0.7）厘米，成熟时几全部为增大呈壶状的花萼筒所包围，花萼筒外部红色或紫红色，基部为略膨大的基座所承托；基座边缘具 1 枚小裂齿；花叶同放。

**花果期：**花期 2 ~ 4 月，果期 4 ~ 6 月。

## 具鳞水柏枝

*Myricaria squamosa*

**柽柳科** Tamaricaceae | **水柏枝属** *Myricaria*

**植株**：直立灌木，高 1 ~ 5 米；茎直立，上部多分枝，老枝紫褐色、红褐色或灰褐色，光滑，有条纹，常有白色皮膜，薄片状剥落，去年生枝黄褐色或红褐色，当年生枝淡黄绿色至红褐色。

**叶**：叶披针形，卵状披针形、长圆形或狭卵形，长 1.5 ~ 5（~10）毫米，宽 0.5 ~ 2 毫米，先端钝或锐尖，基部略扩展，具狭膜质边。

**花**：总状花序侧生于老枝上，单生或数个花序簇生于枝腋；花序在开花前较密集，以后伸长，较疏松，基部被多数覆瓦状排列的鳞片；鳞片宽卵形或椭圆形，近膜质，中脉粗厚，常带绿色；苞片椭圆形、宽卵形或倒卵状长圆形，长 4 ~ 6（~8）毫米，宽 3 ~ 4 毫米，等于或长于花萼（加花梗），稀短于花萼，顶端圆钝或急尖，基部狭缩，具宽膜质边或几为膜质；花梗长约 2 ~ 3 毫米；萼片卵状披针形，长圆形或长椭圆形，长 2 ~ 4 毫米，宽 0.5 ~ 1 毫米，先端锐尖或钝，有宽或狭的膜质边；花瓣倒卵形或长椭圆形，长 4 ~ 5 毫米，宽约 2 毫米，先端圆钝，基部狭缩，常内曲，紫红色或粉红色；花丝约 2/3 部分合生；子房圆锥形，长 3 ~ 5 毫米。

**果实和种子**：蒴果狭圆锥形，长约 10 毫米；种子狭椭圆形或狭倒卵形，长约 1 毫米，顶端具芒柱，芒柱一半以上被白色长柔毛。

**花果期**：花、果期 5 ~ 8 月。

# 柽　柳

**柽柳科** Tamaricaceae | **柽柳属** *Tamarix*

*Tamarix chinensis*

**植株**：乔木或灌木，高3～6（～8）米；老枝直立，暗褐红色，光亮，幼枝稠密细弱，常开展而下垂，红紫色或暗紫红色，有光泽，嫩枝繁密纤细，悬垂。

**叶**：叶鲜绿色，从去年生木质化生长枝上生出的绿色营养枝上的叶长圆状披针形或长卵形，长1.5～1.8毫米，稍开展，先端尖，基部背面有龙骨状隆起，常呈薄膜质；上部绿色营养枝上的叶钻形或卵状披针形，半贴生，先端渐尖而内弯，基部变窄，长1～3毫米，背面有龙骨状突起。

**花**：总状花序侧生在去年生木质化的小枝上，长3～5厘米，较春生者细，生于当年生幼枝顶端，组成顶生大圆锥花序，疏松而通常下弯；花5出，较春季者略小，密生；苞片绿色，草质，较春季花的苞片狭细，较花梗长，线形至线状锥形或狭三角形，渐尖，向下变狭，基部背面有隆起，全缘；花萼三角状卵形；花瓣粉红色，直而略外斜，远比花萼长；花盘5裂，或每一裂片再2裂成10裂片状；雄蕊5枚，长等于花瓣或为其2倍；花药钝；花丝着生在花盘主裂片间，自其边缘和略下方生出；花柱棍棒状，其长等于子房的2/5～3/4。

**果实和种子**：蒴果圆锥形。

**花果期**：花期4～9月，果期10～11月。

# 岷江蓝雪花

*Ceratostigma willmottianum*

**白花丹科** Plumbaginaceae | **蓝雪花属** *Ceratostigma*

**植株**：落叶半灌木，高达2米，具开散分枝；地下茎暗褐色，常在距地面3~4厘米以下的各节上萌生地上茎；地上茎红褐色，有宽阔的髓（常较周围木质部的总和为大或近相等），脆弱，节间沟棱显明，节上可有叶柄；基部扩张的环状鞘或遗留成明显的环痕，新枝有稀少长硬毛，老枝变无毛；芽鳞鳞片状，通常见于低位的枝条上。

**叶**：叶长（1.5）2~5厘米，宽（0.8）1.2~1.8（2.5）厘米，生于枝条中部者最大，倒卵状菱形或卵状菱形，有时长倒卵形，花序下部者常为披针形，先端渐尖或急尖，基部楔形，两面被有糙毛状长硬毛和细小的钙质颗粒；叶柄基部有时扩张成一抱茎的环或环状短鞘。

**花**：花序顶生和腋生，通常含花3~7朵，但枝上端者常因节间缩短而集成一大型头状（因而其中常有叶状苞）；苞片长6~8（10）毫米，宽2~3.5毫米，卵状长圆形至长圆形，先端渐尖，小苞长5~7毫米，宽约3毫米，卵形或长圆状卵形，先端渐尖成细尖；萼（已开放的花）长10.5~14.5毫米，直径约1毫米，裂片长4~4.5毫米，沿脉两侧疏被硬毛和少量星状毛；花冠长2~2.6厘米，筒部红紫色，裂片蓝色，长9~11毫米，宽6.5~7毫米，心状倒三角形，先端中央内凹而有小短尖；雄蕊仅花药外露，花药紫红色，长约2毫米；子房小，卵形，具5棱，柱头伸至花药之上。

**果实和种子**：蒴果淡黄褐色，长约6毫米，长卵形；种子黑褐色，有5棱，上部1/3骤细成喙。

**花果期**：花期6~10月，果期7~11月。

# 丽江山梅花

**绣球科** Hydrangeaceae | **山梅花属** *Philadelphus*　　*Philadelphus calvescens*

**植株**：灌木，高 2～5 米；二年生小枝褐色，表皮横裂，片状脱落，当年生小枝暗紫色，无毛或疏被毛，常具白粉。

**叶**：叶卵形或阔卵形，长 6～15 厘米，宽 4～7 厘米，先端急尖，基部圆形，边缘具锯齿；花枝上的叶披针形或长圆状披针形，长 3.5～9 厘米，宽 1.5～4 厘米，先端长尾状，尖头长 1～1.5 厘米，基部圆形或阔楔形，边缘具疏离细锯齿，上面疏被白色刚毛或无毛，下面仅主脉和网脉被长柔毛或有时无毛；叶脉基出或离基出 3～5 条；叶柄长 5～7（～15）毫米，被长柔毛。

**花**：总状花序有花 5～9 朵，有时最下 1 对分枝顶端具花 2～3 朵；花序轴长 5～8 厘米，暗紫色；花梗长约 1 厘米；花萼外面无毛，暗紫色，稍具白粉；萼裂片卵形，长 5～7 毫米，宽 4～5 毫米；花冠盘状，直径 3～4 厘米；花瓣白色，近圆形或阔倒卵形，直径 1.5～2 厘米，先端圆形，常凹入或齿缺；雄蕊 25～30 枚，最长的长达 8 毫米；花药长圆形或卵形，长约 1.5 毫米；花柱和花盘均无毛，花柱长约 5 毫米，柱头棒形，长 1.5～2 毫米。

**果实和种子**：蒴果倒卵形，长 7～9 毫米，直径约 5 毫米；种子长约 3 毫米，具短尾。

**花果期**：花期 6～7 月，果期 8～10 月。

# 云南山梅花

*Philadelphus delavayi*

**绣球科** Hydrangeaceae | **山梅花属** *Philadelphus*

**植株**：灌木，高 2 ~ 4 米；二年生小枝灰棕色或灰色，当年生小枝紫褐色，无毛，常具白粉。

**叶**：叶长圆状披针形或卵状披针形，长 4.5 ~ 16 厘米，宽 3 ~ 8 厘米，先端渐尖，稀急尖，基部圆形或楔形，边缘具细锯齿或近全缘，上面被糙伏毛，下面密被灰色稍弯长柔毛；叶脉基出或稍离基出 3 ~ 5 条；叶柄长 3 ~ 5 毫米。

**花**：总状花序有花 5 ~ 9（ ~ 21）朵，最下 1 对分枝顶端具花 3 ~ 5 朵，呈聚伞状或总状排列；花序轴长 5 ~ 9 厘米；花梗长 5 ~ 10（ ~ 13）厘米，无毛；花萼紫红色或红褐色，外面无毛，常具白粉；裂片卵形，长 5 ~ 6 毫米，宽 3 ~ 4 毫米，先端急尖；花冠盘状，直径 2.5 ~ 3.5厘米；花瓣白色，近圆形或阔倒卵形，长 1.2 ~ 1.5 厘米，宽 10 ~ 12 毫米，先端圆形，有时浅 2 裂，边缘稍波状，无毛；雄蕊 30 ~ 35 枚，最长的长达 9 毫米；花药长圆形，长约 1.5 毫米；花盘和花柱无毛；花柱长 7 ~ 8 毫米，上部稍分裂或不分裂；柱头棒形，长 1.8 ~ 2毫米，较花药长。

**果实和种子**：蒴果倒卵形，长 8 ~ 10 毫米，直径约 7 毫米；种子长约 4 毫米，具稍长尾。

**花果期**：花期 6 ~ 8 月，果期 9 ~ 11 月。

# 川鄂山茱萸

*Cornus chinensis*

**山茱萸科** Cornaceae | **山茱萸属** *Cornus*

**植株**：落叶乔木，高4~8米；树皮黑褐色；枝对生，幼时紫红色，密被贴生灰色短柔毛，老时褐色，无毛；冬芽顶生及腋生，密被黄褐色短柔毛，花芽近于球形，顶端突尖，叶芽狭圆锥形。

**叶**：叶对生，纸质，卵状披针形至长圆椭圆形，长6~11厘米，宽2.8~5.5厘米，先端渐尖，基部楔形或近于圆形，全缘，上面绿色，近于无毛，下面淡绿色，微被灰白色贴生短柔毛，脉腋有明显的灰色丛毛；中脉在上面明显，下面凸起，侧脉5~6对，弓形内弯；叶柄细圆柱形，长1~1.5（~2.5）厘米，上面有浅沟，下面圆形，嫩时微被贴生短柔毛，老后近于无毛。

**花**：伞形花序侧生，有总苞片4枚，纸质至革质，阔卵形或椭圆形，长6.5~7毫米，宽4~6.5毫米，两侧均有贴生短柔毛，开花后脱落；总花梗紫褐色，长5~12毫米，微被贴生短柔毛；花两性，先于叶开放，有香味；花萼裂片4枚，三角状披针形，长0.7毫米；花瓣4枚，披针形，黄色，长4毫米；雄蕊4枚，与花瓣互生，长16毫米；花丝短，紫色，无毛；花药近于球形，2室；花盘垫状，明显；子房下位；花托钟形，长约1毫米，被灰色短柔毛；花柱圆柱形，长1~1.4毫米，无毛，柱头截形；花梗纤细，长8~9毫米，被淡黄色长毛。

**果实和种子**：核果长椭圆形，长6~8（~10）毫米，直径3.4~4毫米，紫褐色至黑色；核骨质，长椭圆形，长约7.5毫米，有几条肋纹。

**花果期**：花期4月，果期9月。

## 毛　梾

*Cornus walteri*

**山茱萸科** Cornaceae | **山茱萸属** *Cornus*

**植株**：落叶乔木，高 6 ~ 15 米；树皮厚，黑褐色，纵裂而又横裂成块状；幼枝对生，绿色，略有棱角，密被贴生灰白色短柔毛，老后黄绿色，无毛；冬芽腋生，扁圆锥形，长约 1.5 毫米，被灰白色短柔毛。

**叶**：叶对生，纸质，椭圆形、长圆椭圆形或阔卵形，先端渐尖，基部楔形，有时稍不对称，上面深绿色，稀被贴生短柔毛，下面淡绿色，密被灰白色贴生短柔毛；中脉在上面明显，下面凸出，侧脉 4（~5）对，弓形内弯，在上面稍明显，下面凸起；叶柄长（0.8 ~）3.5 厘米，幼时被有短柔毛，后渐无毛，上面平坦，下面圆形。

**花**：伞房状聚伞花序顶生，花密，宽 7 ~ 9 厘米，被灰白色短柔毛；总花梗长 1.2 ~ 2 厘米；花白色，有香味，直径 9.5 毫米；花萼裂片 4 枚，绿色，齿状三角形，长约 0.4 毫米，与花盘近于等长，外侧被有黄白色短柔毛；花瓣 4 枚，长圆披针形，长 4.5 ~ 5 毫米，宽 1.2 ~ 1.5毫米，上面无毛，下面有贴生短柔毛；雄蕊 4 枚，无毛，长 4.8 ~ 5 毫米；花丝线形，微扁，长 4 毫米；花药淡黄色，长圆卵形，2 室，长 1.5 ~ 2 毫米，丁字形着生；花盘明显，垫状或腺体状，无毛；花柱棍棒形，长 3.5 毫米，被有稀疏的贴生短柔毛，柱头小，头状；子房下位；花托倒卵形，长 1.2 ~ 1.5 毫米，直径 1 ~ 1.1 毫米，密被灰白色贴生短柔毛；花梗细圆柱形，长 0.8 ~ 2.7 毫米，有稀疏短柔毛。

**果实和种子**：核果球形，直径 6 ~ 7（~8）毫米，成熟时黑色，近于无毛；核骨质，扁圆球形，直径 5 毫米，高 4 毫米，有不明显的肋纹。

**花果期**：花期 5 月，果期 9 月。

## 光叶珙桐

**山茱萸科** Cornaceae | **珙桐属** *Davidia*

*Davidia involucrata* var. *vilmoriniana*

**植株**：落叶乔木，高 15 ~ 20 米，稀达 25 米；胸高直径约 1 米；树皮深灰色或深褐色，常裂成不规则的薄片而脱落；幼枝圆柱形，当年生枝紫绿色，无毛，多年生枝深褐色或深灰色；冬芽锥形，具 4 ~ 5 对卵形鳞片，常呈覆瓦状排列。

**叶**：叶纸质，互生，无托叶，常密集于幼枝顶端，阔卵形或近圆形，常长 9 ~ 15 厘米，宽 7 ~ 12 厘米，顶端急尖或短急尖，具微弯曲的尖头，基部心脏形或深心脏形，边缘有三角形而尖端锐尖的粗锯齿，上面亮绿色，初被很稀疏的长柔毛，渐老时无毛，下面常无毛或幼时叶脉上被很稀疏的短柔毛及粗毛，有时下面被白霜；中脉和 8 ~ 9 对侧脉均在上面显著，在下面凸起；叶柄圆柱形，长 4 ~ 5 厘米，稀达 7 厘米。

**花**：两性花与雄花同株，由多数的雄花与 1 个雌花或两性花呈近球形的头状花序，直径约 2 厘米，着生于幼枝的顶端；两性花位于花序的顶端，雄花环绕于其周围，基部具纸质、矩圆状卵形或矩圆状倒卵形花瓣状的苞片 2 ~ 3 枚，长 7 ~ 15 厘米，稀达 20 厘米，宽 3 ~ 5 厘米，稀达 10 厘米，初淡绿色，继变为乳白色，后变为棕黄色而脱落；雄花无花萼及花瓣，有雄蕊 1 ~ 7 枚，长 6 ~ 8 毫米，花丝纤细，无毛，花药椭圆形，紫色；雌花或两性花具下位子房，6 ~ 10 室，与花托合生，子房的顶端具退化的花被及短小的雄蕊，花柱粗壮，分成 6 ~ 10 枝，柱头向外平展，每室有 1 枚胚珠，常下垂。

**果实和种子**：果实为长卵圆形核果，长 3 ~ 4 厘米，直径 15 ~ 20 毫米，紫绿色且具黄色斑点；外果皮很薄，中果皮肉质，内果皮骨质具沟纹；种子 3 ~ 5 枚；果梗粗壮，圆柱形。

**花果期**：花期 4 月，果期 10 月。

## 头状四照花

*Dendrobenthamia capitata*

**山茱萸科** Cornaceae | **四照花属** *Dendrobenthamia*

**植株**：常绿乔木，稀灌木，高3～15米，稀达20米；树皮褐色或灰黑色，纵裂；幼枝灰绿色，有白色贴生短柔毛，老枝灰褐色，毛被稀疏；冬芽小，圆锥形，密被白色细毛。

**叶**：叶对生，薄革质或革质，长圆椭圆形或长圆披针形，长5.5～11厘米，宽2～3.4（～4）厘米，先端突尖，有时具短尖尾，基部楔形或宽楔形，上面亮绿色，被白色贴生短柔毛，下面灰绿色，密被白色较粗的贴生短柔毛；中脉在上面稍显明，下面隆起，侧脉4～5对，弓形内弯，在上面稍下凹，下面凸起，脉腋通常有孔穴，无毛或有白色须状毛；叶柄圆柱形，长约1～1.4厘米，密被白色贴生短柔毛，上面有浅沟，下面圆形。

**花**：头状花序球形，约为100朵绿色花聚集而成，直径1.2厘米；总苞片4枚，白色，倒卵形或阔倒卵形，稀近于圆形，长3.5～6.2厘米，宽1.5～5厘米，先端突尖，基部狭窄，两面微被贴生短柔毛；花萼管状，长约1.2毫米，先端4裂，裂片齿形，外侧密被白色细毛及少数褐色毛，内侧有白色短柔毛；花瓣4枚，长圆形，长3～4毫米，下面被有白色贴生短柔毛；雄蕊4枚，花丝纤细，长约3毫米；花药椭圆形，长近0.8毫米；花盘环状，略有4浅裂；子房下位；花柱圆柱形，长1.5毫米，密被白色丝状毛。

**果实和种子**：果序扁球形，直径1.5～2.4厘米，成熟时紫红色；总果梗粗壮，圆柱形，长（1.5～）4～6（～8）厘米，幼时被粗毛，渐老则毛被稀疏或无毛。

**花果期**：花期5～6月，果期9～10月。

# 康定梾木

**山茱萸科** Cornaceae | **梾木属** *Swida*

*Swida schindleri*

**植株**：灌木或小乔木，高2～6.5米；幼枝略有棱角，密被浅黄褐色微曲的疏柔毛，老枝紫红色，无毛，有稀疏的白色圆形皮孔；冬芽圆锥形或长圆锥形，长2～9毫米，被浅褐色疏柔毛。

**叶**：叶对生，纸质至厚纸质，卵状椭圆形，长5～7厘米，宽2.5～4厘米，先端突然渐尖，基部圆形，边缘略为浅波状，上面深绿色，散生微曲疏柔毛，下面灰白色，被卷曲疏柔毛；中脉在上面凹下，下面凸出，侧脉6～8对，弓形内弯，在上面凹下，下面明显，沿叶脉密被淡黄色长柔毛；叶柄圆柱形，长1～1.5厘米，密被浅黄褐色微曲疏柔毛，上面有浅沟，下面圆形。

**花**：顶生伞房状聚伞花序，宽7厘米，密被黄褐色微曲疏柔毛；总花梗圆柱形，长2～5厘米，密被浅黄褐色微曲疏柔毛；花小，白色，直径6.2毫米；花萼裂片4枚，三角形，长约0.2毫米，短于花盘，外侧被短柔毛；花瓣4枚，长圆形或长圆披针形，长3.2～4毫米，宽1.1～1.8毫米，先端尖或渐尖，上面无毛，下面被灰白色贴生短柔毛；雄蕊4枚，与花瓣等长，花丝线形，无毛，花药黄色，线状长圆形，长1.1～1.5毫米，丁字形着生；花盘垫状，无毛，厚约0.3毫米；花柱圆柱形，长2.6～3毫米，略有纵沟，稀被贴生短柔毛，柱头头状，略有浅裂；子房下位；花托倒卵形，长1.1毫米，直径1毫米，密被浅褐色及灰色微曲疏柔毛；花梗圆柱形，长1～4.8毫米，密被浅黄褐色微曲疏柔毛。

**果实和种子**：核果近于球形，直径4～4.2毫米，成熟时紫黑色，稀被灰白色短柔毛；核骨质，扁圆球形，直径3.5毫米，高3毫米，有肋纹8条。

**花果期**：花期4月，果期9月。

# 厚皮香

*Ternstroemia gymnanthera*

**五列木科** Pentaphylacaceae | **厚皮香属** *Ternstroemia*

**植株**：灌木或小乔木，高 1.5～10 米，有时达 15 米，胸径 30～40 厘米，全株无毛；树皮灰褐色，平滑；嫩枝浅红褐色或灰褐色，小枝灰褐色。

**叶**：叶革质或薄革质，通常聚生于枝端，呈假轮生状，椭圆形、椭圆状倒卵形至长圆状倒卵形，长 5.5～9 厘米，宽 2～3.5 厘米，顶端短渐尖或急窄缩成短尖，尖头钝，基部楔形，边全缘，稀有上半部疏生浅疏齿，齿尖具黑色小点，上面深绿色或绿色，有光泽，下面浅绿色，干后常呈淡红褐色；中脉在上面稍凹下，在下面隆起，侧脉 5～6 对，两面均不明显，少有在上面隐约可见；叶柄长 7～13 毫米。

**花**：花两性或单性，开花时直径 1～1.4 厘米，通常生于当年生无叶的小枝上或生于叶腋；花梗长约 1 厘米，稍粗壮；两性花小苞片 2 枚，三角形或三角状卵形，长 1.5～2 毫米，顶端尖，边缘具腺状齿突；萼片 5 枚，卵圆形或长圆卵形，长 4～5 毫米，宽 3～4 毫米，顶端圆，边缘通常疏生线状齿突，无毛；花瓣 5 枚，淡黄白色，倒卵形，长 6～7 毫米，宽 4～5 毫米，顶端圆，常有微凹；雄蕊约 50 枚，长 4～5 毫米，长短不一；花药长圆形，远较花丝为长，无毛；子房圆卵形，2 室；胚珠每室 2 个；花柱短，顶端浅 2 裂。

**果实和种子**：果实圆球形，长 8～10 毫米，直径 7～10 毫米；小苞片和萼片均宿存；果梗长 1～1.2 厘米；宿存花柱长约 1.5 毫米，顶端 2 浅裂；种子肾形，每室 1 个，成熟时肉质假种皮红色。

**花果期**：花期 5～7 月，果期 8～10 月。

# 岩　柿

*Diospyros dumetorum*

**柿科** Ebenaceae | **柿属** *Diospyros*

**植株：**小乔木或乔木，高达 10 ~ 14 米，通常高 5 ~ 6 米；分枝多，小枝纤细，有时密被灰褐色或黄褐色绒毛，二年生小枝褐色，变无毛，有不规则裂纹，散生纵裂的近圆形小皮孔；冬芽小，钝，有绒毛。

**叶：**叶薄革质，披针形、卵状披针形或倒披针形，通常长 2 ~ 3.5（~6）厘米，宽 1 ~ 1.3（~2.5）厘米，先端钝或急尖，有短尖头，基部楔形、钝或圆形，边缘微背卷，上面绿色，初时有短柔毛，后变无毛，下面淡绿色；在中脉和侧脉上密被黄褐色柔毛，余处亦散生毛，中脉在上面微凸起，下面凸起，侧脉每边 3 ~ 4 条；叶柄纤细，长约 2 ~ 3（~5）毫米，密被黄褐色绒毛。

**花：**雄花序单生，生当年生小枝叶腋，有绒毛，有短总花梗，有花 1 ~ 4 朵；花萼钟形，长约 3 毫米，深 4 裂；裂片卵状三角形，长约 2 毫米，外面密被紧贴柔毛；花冠白色，壶形，长约 5 毫米，除四脊上有白色柔毛外，余处无毛；裂片 4 枚，旋转排列，卵形，长约 1.5 毫米，先端钝；雄蕊 16 枚，每 2 枚连生成对，长约 2 毫米，腹面 1 枚较短；花药长圆形，先端渐尖；花丝疏生长毛；花梗纤细，长约 1 ~ 4 毫米，有黄褐色柔毛。雌花单生，白色；花萼长约 5 毫米，有伏柔毛，4 深裂；裂片卵状披针形，长约 4 毫米，先端急尖；花冠壶形，长约 5 毫米，四脊上有白色柔毛，4 裂；裂片近卵形，长约 2 毫米，先端急尖，有髯毛；子房和花柱有粗伏毛；花柱 4 枚，柱头浅 2 裂。

**果实和种子：**果卵形，直径约 1 厘米，长约 1.2 ~ 1.4 厘米，嫩时绿色，成熟时由黄色变红色以至紫黑色，变无毛，顶端有小尖头，有种子 1 ~ 4 颗；种子卵形，黑褐色，长约 9 毫米，直径约 5 毫米；宿存萼花后增大，有伏柔毛，4 深裂，裂片长约 5 毫米，宽约 2.5 毫米，先端急尖；几无梗。

**花果期：**花期 4 ~ 5 月，果期 10 月至翌年 2 月。

# 铁　仔

*Myrsine africana*

**报春花科** Primulaceae | **铁仔属** *Myrsine*

**植株**：灌木，高 0.5 ~ 1 米；小枝圆柱形，叶柄下延处多少具棱角，幼嫩时被锈色微柔毛。

**叶**：叶片革质或坚纸质，通常为椭圆状倒卵形，有时成近圆形、倒卵形、长圆形或披针形，长 1 ~ 2 厘米，稀达 3 厘米，宽 0.7 ~ 1 厘米，顶端广钝或近圆形，具短刺尖，基部楔形，边缘常从中部以上具锯齿，齿端常具短刺尖，两面无毛，背面常具小腺点，尤以边缘较多，侧脉很多，不明显，不连成边缘脉；叶柄短或几无，下延至小枝上。

**花**：花簇生或近伞形花序，腋生，基部具 1 圈苞片；花梗长 0.5 ~ 1.5 毫米，无毛或被腺状微柔毛；花 4 数，长 2 ~ 2.5 毫米；花萼长约 0.5 毫米，基部微微连合或近分离；萼片广卵形至椭圆状卵形，两面无毛，具缘毛及腺点；花冠在雌花中长为萼的 2 倍或略长，基部连合成管，管长为全长的 1/2 或更多；雄蕊微微伸出花冠，花丝基部连合成管，管与花冠管等长，基部与花冠管合生，上部分离，管口具缘毛，里面无毛；花药长圆形，与花冠裂片等大且略长，雌蕊长过雄蕊；子房长卵形或圆锥形，无毛；花柱伸长，柱头点尖、微裂、2 半裂或边缘流苏状；花冠在雄花中长为管的 1 倍左右，花冠管为全长的 1/2 或略短，外面无毛，里面与花丝合生部分被微柔毛；裂片卵状披针形，具缘毛及腺毛；雄蕊伸出花冠很多，花丝基部连合的管与花冠管合生且等长，上部分离，分离部分长为花药的 1/2 或略短，均被微柔毛，花药长圆状卵形，伸出花冠约 2/3；雌蕊在雄花中退化。

**果实和种子**：果球形，直径达 5 毫米，红色变紫黑色，光亮。

**花果期**：花期 2 ~ 3 月，有时 5 ~ 6 月，果期 10 ~ 11 月，有时 2 月或 6 月。

# 密花树

*Myrsine seguinii*

**报春花科** Primulaceae | **铁仔属** *Myrsine*

**植株**：大灌木或小乔木，高 2～7 米，可达 12 米；小枝无毛，具皱纹，有时有皮孔。

**叶**：叶片革质，长圆状倒披针形至倒披针形；顶端急尖或钝，稀突然渐尖；基部楔形，多少下延，长 7～17 厘米，宽 1.3～6 厘米；全缘，两面无毛；叶面中脉下凹，侧脉不甚明显，背面中脉隆起，侧脉很多，不明显；叶柄长约 1 厘米或较长。

**花**：伞形花序或花簇生，着生于具覆瓦状排列的苞片的小短枝上，小短枝腋生或生于无叶老枝叶痕上，有花 3～10 朵；苞片广卵形，具疏缘毛；花梗长 2～3 毫米或略长，无毛，粗壮；花长（2～）3～4 毫米；花萼仅基部连合，萼片卵形，顶端钝或广急尖，稀圆形，长约1 毫米，具缘毛，有时具腺点；花瓣白色或淡绿色，有时为紫红色，基部连合达全长的 1/4，花时反卷，长（2～）3～4毫米，卵形或椭圆形，顶端急尖或钝，具腺点，外面无毛，里面和边缘密被乳头状突起，中部以下无上述突起；雄蕊在雌花中退化，在雄花中着生于花冠中部，花丝极短，花药卵形，略小于花瓣，无腺点，顶端常具乳头状突起；雌蕊与花瓣等长或超过花瓣，子房卵形或椭圆形，无毛，花柱极短，柱头伸长，顶端扁平，基部圆柱形，长约为子房的 2 倍。

**果实和种子**：果球形或近卵形，直径 4～5 毫米，灰绿色或紫黑色，有时具纵行腺条纹或纵肋；果梗有时长达 7 毫米。

**花果期**：花期 4～5 月，果期 10～12 月。

## 滇山茶

*Camellia reticulata*

**山茶科** Theaceae | **山茶属** *Camellia*

**植株**：灌木，高 2 米；嫩枝初时有柔毛；后变秃净，顶芽被白色丝毛。

**叶**：叶革质，长圆形或披针形，长 7 ~ 10 厘米，宽 3 ~ 4 厘米，先端急短尖，尖头钝；基部楔形或钝；上面干后略有光泽，下面黄绿色，初时有长茸毛，后变秃净；侧脉 7 ~ 8 对，在上面不明显，在下面能见，网脉不明显，边缘有细锯齿；叶柄长 5 ~ 6 毫米，被毛。

**花**：花顶生，红色，直径 10 厘米，无柄；苞片及萼片 10 ~ 11 片，组成长 2.5 厘米的杯状苞被，最下 1 ~ 2 片半圆形，短小，其余圆形，长 1.5 ~ 2 厘米，背面多黄白色绢毛；花瓣红色，6 ~ 7 片，最外 1 片近似萼片，倒卵圆形，长 2.5 厘米，背有黄绢毛，其余各片倒卵圆形，长 5 ~ 5.5 厘米，宽 3 ~ 4 厘米，先端圆或微凹入，基部相连生约 1.5 厘米，无毛；雄蕊长约 3.5 厘米，外轮花丝基部 1.5 ~ 2 厘米连结成花丝管，游离花丝无毛；子房有黄白色长毛；花柱长 3 ~ 3.5 厘米，无毛或基部有白色。

**果实和种子**：蒴果球形，3 爿裂开，果爿木质，厚约 8 毫米；种子卵球形，长约 1.5 厘米。

**花果期**：花期 1 ~ 2 月，果期 9 ~ 10 月。

# 怒江红山茶

山茶科 Theaceae | 山茶属 *Camellia*

*Camellia saluenensis*

**植株**：灌木至小乔木，高2～5米；嫩枝通常有毛，偶或早秃。

**叶**：叶革质，长圆形，长3.5～6厘米，宽1～22厘米，先端略尖或钝；基部阔楔形或圆；上面干后绿色，发亮，下面至少在中脉基部有毛；侧脉6～7对，在上面能见，在下面突起，边缘有细锯齿；叶柄长4～5毫米，有褐色柔毛。

**花**：花顶生，红色或白色，无柄；苞片及萼片8片，组成长约1.5～2厘米的苞被，外面通常无毛，革质；花瓣长2.5～3.5厘米，6～7片，基部与雄蕊连生约1～1.2厘米，最外侧1～2片外面有毛，其余无毛，先端凹入或圆形。雄蕊长1.5～2厘米，外轮花丝连生，有短管，游离花丝无毛；子房有毛；花柱长1～1.5厘米，上部无毛，3裂。

**果实和种子**：蒴果圆球形，3室，直径2.5厘米，如为哑铃形，则宽3厘米，2室；种子每室1～2粒，半圆形，长1厘米，褐色。

**花果期**：花期2～3月，果期9～10月。

## 五柱滇山茶

*Camellia yunnanensis*

**山茶科** Theaceae | **山茶属** *Camellia*

**植株**：灌木至小乔木，高 7 米；嫩枝有长茸毛。

**叶**：叶革质，椭圆形至卵形，长 4 ~ 7 厘米，宽 2 ~ 3.3 厘米，先端渐尖或钝尖；基部阔楔形至圆形，上面深绿色，干后略有光泽；中脉有短毛，下面干后黄绿色，中脉上有长毛，有多数小瘤状突起；侧脉 7 ~ 8 对，在上下两面隐约可见，边缘密生细锯齿；叶柄长 3 ~ 6 毫米，有粗毛。

**花**：花顶生，白色，直径 4 ~ 5 厘米，无柄；苞片及萼片 8 ~ 9 片，最下部 2 ~ 3 片阔卵形，长 2 ~ 3 毫米，无毛，其余各片扇状倒卵形，长 7 ~ 12 毫米，脱落；花瓣 8 ~ 12 片，长 2 ~ 3厘米，基部略相连，倒卵形至圆形，无毛，最外侧 2 ~ 3 片较短而厚，过渡为萼片状；雄蕊长 1.5 ~ 2 厘米，除基部略与花瓣连生外，完全分离，无毛，排列成 4 ~ 5 轮；子房无毛或有疏毛，4 ~ 5 室；花柱 4 ~ 5 条，长 1 ~ 1.5 厘米，无毛。

**果实和种子**：蒴果球形，直径3.5 ~ 4 厘米，每室有种子 1 ~ 2 粒；果爿 4 ~ 5 裂，厚5 ~ 8 毫米。

**花果期**：花期 2 ~ 3 月，果期 8 ~ 10 月。

# 光亮山矾

*Symplocos lucida*

**山矾科** Symplocaceae | **山矾属** *Symplocos*

**植株**：乔木；小枝黄绿色，粗壮，具 4 ~ 5 条棱。

**叶**：叶革质，狭椭圆形，长 12 ~ 14 厘米，宽 3 ~ 5 厘米，先端急尖，基部楔形，边缘具粗浅齿，两面均黄绿色；中脉在叶面凸起，侧脉每边 9 ~ 14 条，纤细，在叶面不明显，在叶背明显凸起；叶柄长约 1 厘米。

**花**：穗状花序基部有分枝，长约 6 厘米，其分枝长约 3 厘米，密被短柔毛；苞片卵形，长约 3 毫米，小苞片横椭圆形，宽约 3 毫米；花萼 5 裂，长约 4 毫米，无毛，裂片圆形，稍长于萼筒或等于萼筒，有缘毛；花冠白色，长约 6 毫米，5 深裂几达基部，有极短的花冠筒，裂片椭圆形；雄蕊 40 ~ 50 枚，花丝基部联生成五体雄蕊；花盘有毛和腺点；花柱长约 3 毫米，柱头盘状。

**果实和种子**：核果长圆形，长约 15 毫米，直径约 8 毫米；顶端宿萼直立；核骨质，分开成 3 分核。

**花果期**：花期 3 ~ 4 月，果期 8 ~ 10 月。

# 白　檀

*Symplocos paniculata*

**山矾科** Symplocaceae | **山矾属** *Symplocos*

**植株**：落叶灌木或小乔木；嫩枝有灰白色柔毛，老枝无毛。

**叶**：叶膜质或薄纸质，阔倒卵形、椭圆状倒卵形或卵形，长3～11厘米，宽2～4厘米，先端急尖或渐尖；基部阔楔形或近圆形，边缘有细尖锯齿；叶面无毛或有柔毛，叶背通常有柔毛或仅脉上有柔毛；中脉在叶面凹下，侧脉在叶面平坦或微凸起，每边4～8条；叶柄长3～5毫米。

**花**：圆锥花序长5～8厘米，通常有柔毛；苞片早落，通常条形，有褐色腺点；花萼长2～3毫米，萼筒褐色，无毛或有疏柔毛；裂片半圆形或卵形，稍长于萼筒，淡黄色，有纵脉纹，边缘有毛；花冠白色，长4～5毫米，5深裂几达基部；雄蕊40～60枚，子房2室，花盘具5凸起的腺点。

**果实和种子**：核果熟时蓝色，卵状球形，稍偏斜，长5～8毫米，顶端宿萼裂片直立。

**花果期**：花期5月，果期10月。

# 楚雄安息香

*Styrax limprichtii*

**安息香科** Styracaceae | **安息香属** *Styrax*

**植株**：灌木，高1～2.5米；嫩枝圆柱形，密被黄褐色至灰黄色星状绒毛和柔毛，成长后无毛，暗紫红色，具细纵条纹。

**叶**：叶互生，纸质，宽椭圆形或倒卵形，长4～7厘米，宽3～4厘米，顶端急尖或短渐尖，基部圆形至宽楔形，边缘上部有锯齿，嫩叶上面密被星状短柔毛，成长后较稀疏或无毛，干时暗绿色，下面密被黄褐色或灰黄色星状绒毛和星状柔毛，侧脉每边5～6条，第3级小脉网状，上面稍凹入或平坦，下面明显隆起；叶柄长1～3毫米，密被黄褐色星状绒毛。

**花**：总状花序顶生，有花3～6朵，长3～4厘米；花白色，芳香，长约15毫米；花梗长3～4毫米；小苞片钻形，长3～4厘米，易脱落；花萼杯状，高约5毫米，宽约7毫米，外面密被黄褐色星状绒毛和长柔毛，内面被白色短柔毛，萼齿钻形或三角形，不等长，长1～1.5毫米；花冠裂片椭圆形或卵状椭圆形，长9～11毫米，宽4～6毫米，两面均被星状短柔毛，花蕾时作覆瓦状排列，花冠管长约4毫米，无毛；花丝扁平，下部联合成管，上部分离，分离部分的下部密被白色星状柔毛，花药长圆形，药隔无毛，边缘疏被星状毛，长约4毫米；花柱基部被粗毛。

**果实和种子**：果实球形，直径1～1.5厘米，顶端常具短尖头，密被灰白色星状短柔毛，具不规则纵皱纹，基部较为明显；种子卵形，褐色，无毛。

**花果期**：花期3～4月，果期8～10月。

## 云南桤叶树

*Clethra delavayi*

**桤叶树科** Clethraceae | **桤叶树属** *Clethra*

**植株**：落叶灌木或小乔木，高 4～5 米；小枝栗褐色，嫩时密被成簇锈色糙硬毛和伏贴的星状绒毛；腋芽圆锥形，有柄；鳞片长圆形，密被星状微硬毛。

**叶**：叶硬纸质，倒卵状长圆形或长椭圆形，稀倒卵形，长 7～23 厘米，宽 3.5～9 厘米，先端渐尖或短尖，基部楔形，稀宽楔形，上面深绿色，最初密被短硬毛，其后被毛稀疏或近于无毛，下面淡绿色，最初密被星状柔毛，其后逐渐稀疏或仅沿中脉和侧脉被密或稀疏长伏毛，极稀全无毛；边缘具锐尖锯齿，中脉及侧脉在上面微下凹或平坦，在下面凸起，侧脉 20～21对；叶柄长 10～20（～25）毫米，上面稍成浅沟状，密被星状硬毛及长伏毛。

**花**：总状花序单生枝端，长 17～27 厘米，花序轴和花梗均密被锈色星状毛及成簇微硬毛，有时杂有单硬毛；苞片线状披针形，早落；花梗细，在花期长 6～12 毫米；萼 5 深裂，裂片卵状披针形，长 5～6 毫米，短尖头，尖头有腺体，密被锈色星状绒毛，缘具纤毛；花瓣 5 枚，长圆状倒卵形，长 8～10 毫米，宽 4～5 毫米，顶端中部微凹，两面无毛，边缘两侧近中部有纤毛；雄蕊 10 枚，短于花瓣，花丝长 5 毫米，疏被长硬毛，花药长圆状倒卵形，长 1.5～2毫米；子房密被锈色绢状长硬毛，花柱长约 5 毫米，无毛或于中部以下有疏柔毛，顶端深 3 裂。

**果实和种子**：蒴果近球形，下弯，直径 4～6 毫米，疏被长硬毛，宿存花柱长 6～8 毫米，果梗长 14～20 毫米；种子黄褐色，卵圆形或椭圆形，具 3 棱，有时略扁平，长 0.5～1 毫米，种皮上有蜂窝状深凹槽。

**花果期**：花期 7～8 月，果期 9～10 月。

## 灯笼树

**杜鹃花科** Ericaceae | **吊钟花属** *Enkianthus*

*Enkianthus chinensis*

**植株**：落叶灌木或小乔木，高 3 ~ 6 米，稀达 10 米；幼枝灰绿色，无毛，老枝深灰色；芽圆柱状，长 8 ~ 10 毫米；芽鳞宽披针形，长约 5 毫米，宽约 1.5 毫米，微红色，先端有小突尖，边缘具缘毛。

**叶**：叶常聚生枝顶，纸质，长圆形至长圆状椭圆形，长 3 ~ 4（~5）厘米，宽 2 ~ 2.5 厘米，先端钝尖，具短凸尖头，基部宽楔形或楔形，边缘具钝锯齿，两面无毛，中脉在表面下凹，连同侧脉在表面不明显，在背面明显，网脉在背面明显；叶柄粗壮，长 0.8 ~ 1（~15）毫米，具槽，无毛。

**花**：花多数组成伞形花序状总状花序；花梗纤细，长 2.5 ~ 4 厘米，无毛；花下垂；花萼 5 裂，裂片三角形，长约 2.5 毫米，有缘毛；花冠阔钟形，长宽各 1 厘米，肉红色，口部 5 浅裂；雄蕊 10 枚，着生于花冠基部，花丝长 4.5 毫米，中部以下膨大，被微柔毛，花药 2 裂，长 1.5 毫米，芒长约 1 毫米；子房球形，具 5 纵纹，疏被白色短毛；花柱长约 5.5 毫米，被疏微毛。

**果实和种子**：蒴果卵圆形，直径 6 ~ 7（~8）毫米，室背开裂为 5 果瓣，果爿长约 6 毫米，宽约 3.2 毫米，果爿中间具微纵槽；种子长约 6 毫米，微有光泽，具皱纹，有翅，每室有种子多数，种子着生于中轴之上部。

**花果期**：花期 5 月，果期 6 ~ 10 月。

# 芳香白珠

*Gaultheria fragrantissima*

**杜鹃花科** Ericaceae | **白珠属** *Gaultheria*

**植株**：常绿灌木至小乔木，高 1.5 ~ 3 米，稀达 5 米，有时伏地；分枝多，枝、叶芳香，枝条左右弯曲，红色，具 3 条棱，有时几呈翅状，无毛。

**叶**：叶革质，披针状椭圆形、卵状长圆形或披针形，长 5 ~ 10 厘米，宽 2 ~ 4 厘米，先端短急尖或近钝头，基部楔形，边缘具锯齿，干后边缘反卷，两面无毛，背面疏被褐色斑点，中脉及侧脉在表面下陷，在背面明显隆起，侧脉 4 枚，自中脉 1/3 以下伸出，规则状弧曲上举，几达叶尖，连同网脉在两面明显；叶柄粗壮，长 3 ~ 5（ ~ 7）毫米，上面具槽，无毛。

**花**：总状花序腋生或顶生，花序轴常不及叶长，通常长 4 ~ 5（ ~ 7）厘米，被白色绒毛，花密集，下垂，芳香；花梗粗，长约 4 毫米；苞片三角状卵形，几包围花梗基部；小苞片 2 枚，近对生，卵形，先端渐尖，着生于花梗顶部接近花萼；花萼裂片 5 枚，卵形，渐尖，长 2 ~ 3 毫米，有微缘毛，果期宿存，增大；花冠卵状坛形，长约 4 毫米，白色，外面无毛；雄蕊内藏，花丝被微柔毛，花药 2 室，每室顶端具 2 芒，芒长等于花药；子房被柔毛。

**果实和种子**：浆果状蒴果球形，直径约 5 毫米，具 5 纵纹，蓝黑色，被柔毛，花柱宿存。

**花果期**：花期 5 月开始，果期 8 ~ 11 月。

# 珍珠花

*Lyonia ovalifolia*

**杜鹃花科** Ericaceae | **珍珠花属** *Lyonia*

**植株**：常绿或落叶灌木或小乔木，高 8～16 米；枝淡灰褐色，无毛；冬芽长卵圆形，淡红色，无毛。

**叶**：叶革质，卵形或椭圆形，长 8～10 厘米，宽 4～5.8 厘米，先端渐尖，基部钝圆或心形，表面深绿色，无毛，背面淡绿色，近于无毛，中脉在表面下陷，在背面凸起，侧脉羽状，在表面明显，脉上多少被毛；叶柄长 4～9 毫米，无毛。

**花**：总状花序长 5～10 厘米，着生叶腋，近基部有 2～3 枚叶状苞片，小苞片早落；花序轴上微被柔毛；花梗长约 6 毫米，近于无毛；花萼深 5 裂，裂片长椭圆形，长约 2.5 毫米，宽约 1 毫米，外面近于无毛；花冠圆筒状，长约 8 毫米，径约 4.5 毫米，外面疏被柔毛，上部浅 5 裂，裂片向外反折，先端钝圆；雄蕊 10 枚，花丝线形，长约 4 毫米，顶端有 2 枚芒状附属物，中下部疏被白色长柔毛；子房近球形，无毛；花柱长约 6 毫米，柱头头状，略伸出花冠外。

**果实和种子**：蒴果球形，直径 4～5 毫米，缝线增厚；种子短线形，无翅。

**花果期**：花期 5～6 月，果期 7～9 月。

## 毛叶珍珠花

*Lyonia villosa*

**杜鹃花科** Ericaceae | **珍珠花属** *Lyonia*

**植株**：灌木或小乔木，高 1 ~ 2 米；树皮灰色或灰褐色，常成薄片脱落；小枝纤细，当年生枝条被淡灰色短柔毛，一年生以上枝条黄色或灰褐色，无毛。

**叶**：叶纸质或近革质，卵形或倒卵形，长 3 ~ 4.5 厘米，宽 1 ~ 2 厘米，先端钝，具短尖头，稀短渐尖，基部阔楔形或近圆形，或略成浅心形，表面深绿色，除叶脉上疏被短柔毛外，其余无毛，背面淡绿色，被灰褐色长柔毛，脉上通常较多，中脉在表面下陷，在背面凸起，侧脉羽状，4 ~ 5 对，在背面显著；叶柄长 4 ~ 10 毫米，被毛，腹面有沟槽，背面圆形。

**花**：总状花序腋生，长 1 ~ 4（~7）厘米，下部有 2 ~ 3 枚叶状苞片，小苞片早落；花序轴密被黄褐色柔毛；花梗长约 4 毫米，密被柔毛；花萼 5 裂，裂片长圆形或三角状卵形，长 3 ~ 4 毫米，顶端钝圆至锐尖，外面疏生柔毛及腺毛；花冠圆筒状至坛状，长 5 ~ 8 毫米，直径 3 ~ 4 毫米，外面疏被柔毛，顶端浅 5 裂，裂片钝尖；雄蕊 10 枚，花丝长约 4 毫米，被长柔毛，顶端无芒状附属物；子房近球形，有毛；柱头细小。

**果实和种子**：蒴果近球形，直径约 4 毫米，微被柔毛。

**花果期**：花期 6 ~ 8 月，果期 9 ~ 10 月。

# 美丽马醉木

**杜鹃花科** Ericaceae | **马醉木属** *Pieris*

*Pieris formosa*

**植株**：常绿灌木或小乔木，高 2～4 米；小枝圆柱形，无毛，枝上有叶痕；冬芽较小，卵圆形，鳞片外面无毛。

**叶**：叶革质，披针形至长圆形，稀倒披针形，长 4～10 厘米，宽 1.5～3 厘米，先端渐尖或锐尖，边缘具细锯齿，基部楔形至钝圆形，表面深绿色，背面淡绿色，中脉显著，幼时在表面微被柔毛，老时脱落，侧脉在表面下陷，在背面不明显；叶柄长 1～1.5 厘米，腹面有沟纹，背面圆形。

**花**：总状花序簇生于枝顶的叶腋，或有时为顶生圆锥花序，长 4～10 厘米，稀达 20 厘米以上；花梗被柔毛；萼片宽披针形，长约 3 毫米；花冠白色，坛状，外面有柔毛，上部浅 5 裂，裂片先端钝圆；雄蕊 10 枚，花丝线形，长约 4 毫米，有白色柔毛，花药黄色；子房扁球形，无毛；花柱长约 5 毫米，柱头小，头状。

**果实和种子**：蒴果卵圆形，直径约 4 毫米；种子黄褐色，纺锤形，外种皮的细胞伸长。

**花果期**：花期 5～6 月，果期 7～9 月。

# 腺房杜鹃

*Rhododendron adenogynum*

**杜鹃花科** Ericaceae | **杜鹃花属** *Rhododendron*

**植株**：常绿灌木，高 1 ~ 2.5 米；小枝粗壮，幼时被灰色绵毛，有时混生腺体，有时光滑。

**叶**：叶厚革质，常数枚集生于枝端，叶片披针形至长圆状披针形，长 6 ~ 12 厘米，宽 2 ~ 4厘米，先端渐尖或急尖，基部圆形或略呈心形，边缘稍反卷，上面暗绿色，微皱，无毛，中脉凹入，侧脉 13 ~ 14 对，微凹，下面密被厚层肉桂色至黄褐色毛被，毡毛状，有时混生细腺体，中脉凸起，侧脉隐没于毛被内；叶柄长 1 ~ 1.5 厘米，微被绵毛和短柄腺体，有时近无毛。

**花**：顶生总状伞形花序，有花 8 ~ 12 朵，总轴长约 1 厘米，疏被绒毛；苞片脱落；花梗长 1.5 ~ 3 厘米，密被绒毛和短柄腺体；花萼大，黄绿色，长 10 ~ 15 毫米，5 深裂几达基部，裂片长圆形，外面和边缘均具短柄腺体；花冠钟形，长 3.5 ~ 4.5 厘米，白色带红色或粉红色，筒部上方具深红色斑点，内面基部被微柔毛和深红色斑纹；裂片 5 枚，近圆形，长 1.8 ~ 2厘米，宽 2 ~ 2.5 厘米，顶端微缺；雄蕊 10 枚，不等长，长 2 ~ 3.5 厘米，花丝下半部密被微柔毛和腺毛，花药长圆形，淡黄褐色，长 3 毫米；子房圆锥形，长 5 毫米，密被短柄腺体，柱头盘状。

**果实和种子**：蒴果直立，长圆柱形，长 1.5 ~ 2 厘米，直径 6 ~ 7 毫米，具残余腺体，花萼宿存。

**花果期**：花期 5 ~ 7 月，果期 8 ~ 11 月。

# 长粗毛杜鹃

**杜鹃花科** Ericaceae | **杜鹃花属** *Rhododendron*

*Rhododendron crinigerum*

**植株**：常绿灌木，高 1 ~ 6 米；树皮灰黑色；幼枝黄褐色至灰褐色，具腺头刚毛，有黏质，在花序下的小枝直径 6 毫米；芽鳞多年宿存。

**叶**：叶革质，披针形或倒披针形，长 9 ~ 20 厘米，宽 1.5 ~ 3.8（~5 ~ 6）厘米，先端渐尖，基部钝或近圆形，边缘反卷，上面幼时具丛卷毛及少数有柄腺体，成长后深绿色，略有皱纹，变为无毛，下面密被厚的白色至黄褐色绵毛状毛被及少数腺体；中脉在上面凹下，下面凸出，密被柔毛及少数腺体，侧脉 15 ~ 19 对；叶柄长 1 ~ 2 厘米，粗壮，被有具黏质的腺头刚毛。

**花**：顶生总状伞形花序，有花 7 ~ 16 朵；总轴长约 0.8 厘米，密被微柔毛；花梗长 2 ~ 2.7 厘米，密被腺头刚毛及柔毛；花萼杯状，5 裂几至基部，裂片舌状长圆形，长 6 ~ 7 毫米，外面密被腺头刚毛，边缘有腺毛；花冠钟形，长 2.8 ~ 3.5 厘米，直径 3.5 ~ 4.7 厘米，白色带粉红色，无毛，内面基部有深红色斑块，中部一侧有紫色斑点；裂片 5 枚，圆形，长 1.5 厘米，顶端有缺刻；雄蕊 10 枚，不等长，长 1.7 ~ 2.7 厘米；花丝基部有白色微柔毛；花药长椭圆形，长 2.5 ~ 3 毫米，黄色；子房卵圆形，长 4 毫米，密被有柄腺体；花柱下部具有柄腺体，柱头小，头状，宽约 1.6 毫米。

**果实和种子**：蒴果短圆柱形，浅褐色，长 1.5 ~ 1.7 厘米，直径 7 毫米，有肋纹及残存的毛被，基部有花萼宿存。

**花果期**：花期 5 ~ 6 月，果期 8 ~ 9 月。

# 楔叶杜鹃

*Rhododendron cuneatum*

**杜鹃花科** Ericaceae | **杜鹃花属** *Rhododendron*

**植株**：常绿灌木，高 1～2（～4）米；小枝粗壮，开展或有时密集，幼时密被鳞片，无毛；叶芽鳞脱落。

**叶**：叶聚生于幼枝顶端，狭至宽椭圆形或长圆状披针形，长 1～7 厘米，宽 0.5～2.8 厘米，先端钝、圆形或锐尖，具明显的小尖头，基部楔形或圆，边缘稍波状，上面苍绿色，无光泽，被不邻接、邻接至偶尔重叠的淡色鳞片，下面淡黄褐色至锈褐色，具邻接或重叠的淡黄褐色、等大的鳞片；叶柄长 5～15 毫米，被鳞片。

**花**：花序有 1～6 花，组成顶生、伞形总状；花梗长 2～15 毫米，被淡色鳞片；花萼长(2～)5～8（～12）毫米，常带红色，5 裂；裂片膜质，长圆状卵形至长圆状披针形，具淡色鳞片形成的中央带，边缘被长缘毛，有时有鳞片；花冠漏斗状，长（1.2～）2～3（～3.4）厘米，深紫色至玫瑰紫色，罕白色，常具深色斑点，外面有疏鳞片和短柔毛或无；花管长(5～)10～16（～20）毫米，内面喉部密被短柔毛；雄蕊 10 枚，不等长，与花冠近等长或超出；花丝基部被短柔毛；子房长 2～3（～4）毫米，5 室，密被淡色鳞片，无毛或在顶端具一簇毛；花柱细长，常长于雄蕊和花冠，基部常被短柔毛。

**果实和种子**：蒴果长圆状卵形，长 6～14 毫米，密被鳞片。

**花果期**：花期 4～6 月，果期 10 月。

# 大白杜鹃

**杜鹃花科** Ericaceae | **杜鹃花属** *Rhododendron*

*Rhododendron decorum*

**植株**：常绿灌木或小乔木，高1～3米，稀达6～7米；树皮灰褐色或灰白色；幼枝绿色，无毛，老枝褐色；冬芽顶生，卵圆形，长9～10毫米，无毛。

**叶**：叶厚革质，长圆形、长圆状卵形至长圆状倒卵形，长5～14.5厘米，宽3～5.7厘米，先端钝或圆，基部楔形或钝，稀近于圆形，无毛，边缘反卷；上面暗绿色，下面白绿色；中脉在上面稍凹下，黄绿色，下面凸出，侧脉约18对，在上面微凹入，下面稍凸起；叶柄圆柱形，长1.7～2.3厘米，黄绿色，无毛。

**花**：顶生总状伞房花序，有花8～10朵，有香味；总轴长2～2.5厘米，淡红绿色，有稀疏的白色腺体；花梗粗壮，长2.5～3.5厘米，淡绿带紫红色，具白色有柄腺体；花萼小，浅碟形，长1.5～2.3毫米，裂齿5，不整齐；花冠宽漏斗状钟形，变化大，长3～5厘米，直径5～7厘米，淡红色或白色，内面基部有白色微柔毛，外面有稀少的白色腺体；裂片7～8枚，近于圆形，长约2厘米，宽2.4厘米，顶端有缺刻；雄蕊13～16（～17）枚，不等长，长2～3厘米；花丝基部有白色微柔毛；花药长圆形，白色至浅褐色，长约3毫米；子房长圆柱形，淡绿色，长约6毫米，密被白色有柄腺体；花柱淡白绿色，长3.4～4厘米，通体有白色短柄腺体；柱头大，头状，黄绿色，宽约5毫米。

**果实和种子**：蒴果长圆柱形，长2.5～4厘米，微弯曲，直径1～1.5厘米，黄绿色至褐色，肋纹明显，有腺体残迹。

**花果期**：花期4～6月，果期9～10月。

## 马缨杜鹃

*Rhododendron delavayi*

**杜鹃花科** Ericaceae | **杜鹃花属** *Rhododendron*

**植株**：常绿灌木或小乔木，高 1 ~ 7（~12）米；树皮淡灰褐色，薄片状剥落；幼枝粗壮，被白色绒毛，后变为无毛；顶生冬芽卵圆形，淡绿色，长 6 ~ 7 毫米，多少被白色绒毛。

**叶**：叶革质，长圆状披针形，长 7 ~ 15 厘米，宽 1.5 ~ 4.5 厘米，先端钝尖或急尖，基部楔形，边缘反卷，上面深绿至淡绿色，成长后无毛，下面有白色至灰色或淡褐色海绵状毛被；中脉在上面凹下，下面凸出，近于无毛，侧脉 14 ~ 20 对，在上面凹入，下面稍凸，达于叶缘；叶柄圆柱形，长 0.7 ~ 2 厘米，后变为无毛。

**花**：顶生伞形花序，圆形，紧密，有花 10 ~ 20 朵；总轴长约 1 厘米，密被红棕色绒毛；花梗长 0.8 ~ 1 厘米，密被淡褐色绒毛；苞片倒卵形，长 2.5 厘米，宽 1.2 厘米，有短尖头，两面均有绢状毛；花萼小，长约 2 毫米，外面有绒毛和腺体，裂片 5 枚，宽三角形；花冠钟形，长 3 ~ 5 厘米，直径 3 ~ 4 厘米，肉质，深红色，内面基部有 5 枚黑红色蜜腺囊；裂片 5 枚，近于圆形，长约 1 厘米，宽 1.3 厘米，顶端有缺刻；雄蕊 10 枚，不等长，长 1.6 ~ 4 厘米；花丝无毛；花药长圆形，长 2 ~ 2.8 毫米；子房圆锥形，长 7 毫米，密被红棕色毛；花柱长 2.8 厘米，无毛，柱头头状。

**果实和种子**：蒴果长圆柱形，黑褐色，长 1.8 ~ 2 厘米，直径 8 毫米，10 室，有肋纹及毛被残迹。

**花果期**：花期 5 月，果期 12 月。

# 泡泡叶杜鹃

**杜鹃花科** Ericaceae | **杜鹃花属** *Rhododendron*

*Rhododendron edgeworthii*

**植株：**常绿灌木，通常附生，高（0.3～）1（～3.8）米；分枝叉开而稀疏，小枝密被黄棕色绵毛，毛下覆盖有散生的小鳞片，老枝毛随树皮脱落。

**叶：**叶革质，卵状椭圆形、长圆形或长圆状披针形，长4～16厘米，宽2～6厘米，顶端锐尖或短渐尖，基部近圆形；上面由于侧脉和网脉的强烈下陷而呈泡泡状隆起，幼时疏被卷曲柔毛及散生的黄褐色小鳞片，而后光滑，下面密被松软黄棕色厚绵毛，鳞片淡黄褐色，小而疏距，为毛被覆盖，脉纹突起；叶柄长0.5～2.5厘米，粗壮，密被黄棕色绵毛，无鳞片或罕有鳞片。

**花：**花序顶生，常具花1～3朵；花梗长1～2厘米，密被绵毛；花萼带红色，深5裂，裂片膜质，长圆形、卵形或近圆形，不等大，长1.1～1.7厘米，外面幼时密被黄棕色绵毛，后渐脱落成散生状，被小鳞片，边缘密被绵毛状睫毛；花冠钟状或漏斗状钟形，芳香，长3.4～7.5厘米，乳白色或有时带粉红色，外面被小而密的鳞片；雄蕊10枚，不等长，不超出花冠；花丝下部被毛；子房5～6室，密被绵毛及散生鳞片；花柱伸长与花冠近等长，基部被黄褐色绵毛和小鳞片。

**果实和种子：**蒴果长圆状卵形或近球形，长1～2.2厘米，密被黄褐色绵毛和鳞片，被覆于宿存萼内。

**花果期：**花期4～6月，果期11月。

## 密枝杜鹃

*Rhododendron fastigiatum*

**杜鹃花科** Ericaceae | **杜鹃花属** *Rhododendron*

**植株：**常绿灌木，高0.8～1（～1.5）米；分枝稠密，常成垫状或平卧，幼枝短，带红褐色，被暗褐色鳞片：叶芽鳞早落。

**叶：**叶集生于小枝顶端，革质，长圆形、椭圆形或卵形，长（4.5～）7～14（～16）毫米，宽（2.8～）3～6（～9）毫米，顶端圆或钝，有短突尖，基部钝或楔形，边缘稍反卷；上面暗绿色，被不邻接的鳞片；鳞片常为琥珀色，光亮晶莹，边缘色淡，下面灰绿色，被同一式鳞片，鳞片无光泽，灰白色或黄棕色，不邻接，相距小于其直径，或偶有部分邻接；叶柄长1～2（3）毫米，被鳞片。

**花：**花序顶生，伞形总状，有花（1～）3～4（～5）朵，花芽鳞早落；花梗短，长0.2～2毫米，被鳞片；花萼发达，长（2.5～）3～4.5（～5.5）毫米，裂片长圆形或宽椭圆形，外面被鳞片，被缘毛；花冠宽漏斗状，长1～1.5（～1.8）厘米或更长，紫蓝色或鲜淡紫红色，外面常有少数鳞片；花管长3～6.5（～8）毫米，长约为裂片的1/2，内面喉部被密毛；雄蕊（6～）10（～11）枚，较花冠稍短或近等长；花丝近基部被毛；子房长约2毫米，被鳞片；花柱细长，超出雄蕊，无毛或罕在基部被微毛。

**果实和种子：**蒴果卵圆形，长4～6毫米，被鳞片。

**花果期：**花期5～6月，果期8～9月。

## 灰白杜鹃

**杜鹃花科** Ericaceae | **杜鹃花属** *Rhododendron*

*Rhododendron genestierianum*

**植株**：常绿灌木，高 1.2 ~3（~5）米；老枝带紫色，光滑，幼枝疏生，被鳞片，无毛。

**叶**：叶 5 ~10 片集生枝顶，薄革质，披针形、长圆状披针形至倒披针形，长（3 ~）5 ~15 厘米，宽 1.2 ~3.5（~4.5）厘米，先端渐尖，基部狭或钝；上面亮绿色，疏被鳞片或无，下面明显苍白色，被稀疏鳞片，鳞片小，亮金黄色或褐色，相距为其直径的 4 ~10 倍或更稀疏；叶柄长 0.5 ~2.5 厘米，疏被鳞片。

**花**：总状花序顶生，直立，具花（4 ~）10 ~15 朵；花序轴粗壮，长 0.3 ~5 厘米，绿色或带紫色；花梗细长，长 1.6 ~3 厘米，远长于花冠，淡红紫色，被白粉，近无毛，或疏被鳞片；花萼长 1 ~2 毫米，浅杯状，带红色，被白粉，不等大的浅 5 裂，光滑或疏被鳞片，边缘无睫毛；花冠钟状，肉质，深红紫色，被明显的白粉，5 裂，长 1.3 ~1.8 厘米，外面光滑；雄蕊 8 ~10 枚，不等长，近与花冠等长；花丝无毛，基部红色；子房 5 室，被鳞片；花柱粗壮，强度弯弓，光滑。

**果实和种子**：蒴果卵状长圆形，长 6 ~9 毫米，被鳞片。

**花果期**：花期 4 月下旬 ~5 月，果期 6 ~8 月。

## 灰背杜鹃

*Rhododendron hippophaeoides*　　**杜鹃花科** Ericaceae | **杜鹃花属** *Rhododendron*

**植株：**常绿小灌木，高0.25～1（～1.5）米；茎直立，幼枝细长，呈扫帚状，黄棕色，密被棕黄褐色鳞片；叶芽鳞脱落。

**叶：**叶散生于幼枝，叶片近革质，长圆形、椭圆形、长圆状披针形至长圆状卵形，长（8～）12～25（～40）毫米，宽（4～）5～10（～17）毫米，顶端钝或圆，罕急尖或具小突尖头，基部宽楔形至圆形；上面灰绿色，无光泽，密被淡黄色、邻接的鳞片，下面淡黄灰色，鳞片相同，透明的金黄色至麦秆色，相互重叠，罕邻接；叶柄长2～5毫米，被淡色鳞片。

**花：**花序顶生，伞形总状，有花4～7（～8）朵；花梗长2.5～7毫米，花芽鳞脱落或罕宿存；花萼小，长1～2毫米，常带红色，5裂片不等大，圆形至宽三角形，被淡色鳞片，顶端边缘有流苏状疏长毛；花冠宽漏斗状，长1～1.3（～1.5）厘米，鲜玫瑰色、淡紫色至蓝紫色，少有白色；花管长约4毫米，稍短于花冠裂片，外面无鳞片，内面喉内密被短柔毛；花冠裂片5枚，圆形；雄蕊10枚，罕为8枚，不等长，短于花冠；花丝近基部有毛；子房长1～2.5毫米，密被淡色鳞片；花柱短，长4～10毫米，与雄蕊等长或稍短，无鳞片或罕在基部被疏毛。

**果实和种子：**蒴果狭卵形，长5～6毫米，密被鳞片。

**花果期：**花期5～6月，果期10月。

# 鳞腺杜鹃

**杜鹃花科** Ericaceae | **杜鹃花属** *Rhododendron*

*Rhododendron lepidotum*

**植株**：常绿小灌木，高0.5～1.5（～2）米；小枝细长，有疣状突起，被密鳞片，无刚毛或有时有刚毛。

**叶**：叶薄革质，集生枝顶，变异极大，倒卵形、倒卵状椭圆形、长圆状披针形至披针形，长（0.4～）1.2～2.4（～3.8）厘米，宽（0.2～）0.4～1.4（～1.8）厘米，顶端具短尖头，两面均密被鳞片，下面苍白色，鳞片黄绿色，重叠成覆瓦状或相距为其直径的1/2；叶柄长2～4毫米，被鳞片。

**花**：花序顶生，伞形，具1～3（～4）花；花梗细长，长（1～）2～2.5（～3.8）厘米，被鳞片；花萼深5裂，裂片长2～4毫米，绿色或带红色，形状多变，卵形、长圆形、匙形至圆形，外面被鳞片，常有缘毛；花冠宽钟状，长0.9～1.7厘米，花色多变，淡红、深红至紫色、白色、淡绿至黄色，5裂，外面密被鳞片；雄蕊（8～）10枚，不等长，长于花冠，花丝向基部或至全长2/3有柔毛；子房5室，密被鳞片；花柱粗而短，强度弯弓，光滑。

**果实和种子**：蒴果长4～8毫米，有密鳞片，花萼宿存。

**花果期**：花期5～7月，果期7～9月。

## 薄叶马银花

*Rhododendron leptothrium*

**杜鹃花科** Ericaceae | **杜鹃花属** *Rhododendron*

**植株**：灌木或小乔木，高3～4（～6）米；枝纤细，幼枝淡红褐色，密被白色短柔毛。

**叶**：叶薄纸质，集生枝顶，披针形或长圆状披针形，长4～8厘米；宽2～3厘米，先端渐狭呈平截或微下凹，具软角质短尖头，基部楔形，边缘浅波状，微反卷；上面深绿色，仅中脉被短柔毛，下面淡白色，具光泽，无毛；细脉明显，中脉和侧脉在两面凸出；叶柄长1～1.8厘米，密被短柔毛。

**花**：花芽近于圆锥形，鳞片外面被灰色短柔毛，边缘具短睫毛；花单生枝顶叶腋，通常枝端具花2～4朵；花梗长1.5厘米，密被腺头短刚毛；花萼裂片大，椭圆形或长卵形，长7毫米，先端钝，外面基部被柔毛，边缘具腺头睫毛；花冠辐状，蔷薇色，长2～2.5厘米，5深裂，裂片倒卵形，比花冠管长，上方裂片基部具深色斑点；雄蕊5枚，不等长，比花冠短；花丝扁平，基部增宽，中部以下被柔毛；子房卵球形，长3毫米，上部有腺毛；花柱比雄蕊长，长2.2厘米，伸出于花冠外，无毛。

**果实和种子**：蒴果卵球形，长6毫米，具腺体及腺头刚毛，为宿存萼片所包。

**花果期**：花期5～6月，果期9～11月。

# 蜡叶杜鹃

**杜鹃花科** Ericaceae | **杜鹃花属** *Rhododendron*

*Rhododendron lukiangense*

**植株**：灌木或小乔木，高约 2 ~ 4 米；幼枝粗壮，无毛，但有明显的叶痕及鳞痕，老枝灰白色，有纵的裂纹及层状剥落。

**叶**：叶革质或薄革质，椭圆形或倒披针形，长 8 ~ 14 厘米，宽 2.5 ~ 4.5 厘米，先端急尖，基部楔形，边缘全缘向下反卷；上面具蜡质，加热后能融解变光亮，在下面不明显；中脉在上面下陷成沟纹，在下面显著隆起，侧脉 22 ~ 24 对，纤细，在上面微现，在下面微隆起，两面无毛；叶柄长 1 ~ 2 厘米，圆柱状，上面平坦，有沟纹，无毛。

**花**：总状伞形花序，有花 7 ~ 13 朵；总轴长 1.5 ~ 3 厘米，有淡黄色疏柔毛，以后无毛；花梗长约 1 ~ 1.5 厘米，常无毛；花萼小，5 裂，萼片卵状三角形，长约 1 ~ 2 毫米，无毛；花冠管状钟形，长 3 ~ 4.5 厘米，淡紫红色至玫瑰色，具紫色斑点，5 裂；裂片近圆形，长 1.5 厘米，宽约 2 厘米，顶端有凹缺；雄蕊 10 枚，与花冠近等长；花丝线形，长 1.5 ~ 3 厘米，不等长，无毛；子房圆柱状，长约 5 毫米，直径 2 毫米，无毛；花柱长 3.5 ~ 4 厘米，全无毛，柱头微膨大。

**果实和种子**：蒴果圆柱状，细长，长约 3 厘米，直径约 5 毫米，光滑无毛，成熟后花萼常增大，长约 3 毫米。

**花果期**：花期 4 ~ 5 月，果期 10 ~ 11 月。

## 山育杜鹃

*Rhododendron oreotrephes*

**杜鹃花科** Ericaceae | **杜鹃花属** *Rhododendron*

**植株**：常绿灌木，高 1 ~4 米；幼枝紫红色，疏生鳞片，无毛或有微柔毛。

**叶**：叶通常聚生幼枝上部，叶片椭圆形、长圆形或卵形，长 1.8 ~6 厘米，宽 1.4 ~3.5 厘米，顶端钝圆，具短尖头，基部钝圆，有时微凹，稀宽楔形；上面无鳞片，下面粉绿色或褐色，密被黄褐色或褐色鳞片，鳞片近等大，小至中等大小，相距小于直径至近邻接，稀相距超过其直径；叶柄长 0.7 ~1.3 厘米，粉紫色，疏被鳞片，有时有微毛。

**花**：花序顶生或同时枝顶腋生，短总状，3 ~5（~10）花；花序轴长 1 ~8 毫米；花梗长 0.5 ~2 厘米，紫红色，疏生鳞片；花萼长约 1.5 毫米，波状 5 裂或近于环状；花冠宽漏斗状，长 1.8 ~3 厘米，略两侧对称，淡紫、淡红或深紫红色，5 裂至近中部，外面洁净；裂片圆卵形；雄蕊不等长；长雄蕊近与花冠等长或略长，花丝基部被开展的短柔毛；子房 5 室，密被鳞片；花柱光滑。

**果实和种子**：蒴果长卵形，长 0.8 ~1.3 厘米。

**花果期**：花期 5 ~7 月。

## 栎叶杜鹃

**杜鹃花科** Ericaceae | **杜鹃花属** *Rhododendron*

*Rhododendron phaeochrysum*

**植株**：常绿灌木，高 1.5 ~ 4.5 米；幼枝疏被白色丛卷毛，后变无毛。

**叶**：叶革质，长圆形、长圆状椭圆形或卵状长圆形，长 7 ~ 14 厘米，宽 2.5 ~ 5.5 厘米，先端钝或急尖，具小尖头，基部近于圆形或心形；上面深绿色，微皱，无毛，中脉凹入，侧脉 13 ~ 16 对，微凹，下面密被薄层黄棕色至金棕色多少黏结的毡毛状毛被，由放射状短分枝毛组成，中脉凸起，侧脉不显；叶柄长 1 ~ 1.5 厘米，疏被灰白色丛卷毛，后变无毛。

**花**：顶生总状伞形花序，有花 8 ~ 15 朵；总轴长 1 ~ 1.5 厘米，无毛或疏被微柔毛；花梗长 1 ~ 1.5 厘米，疏被丛卷毛或无毛；花萼小，杯状，长约 1 毫米，裂片 5 枚，钝尖，无毛；花冠漏斗状钟形，长 4 ~ 4.5 厘米，白色或淡粉红色，筒部上方具紫红色斑点，内面基部被白色微柔毛，裂片 5 枚，扁圆形，长 1.2 ~ 1.5 厘米，宽 2 ~ 2.5 厘米，顶端微缺；雄蕊 10 枚，不等长，长 1.5 ~ 2.5 厘米；花丝下半部被白色短柔毛；花药椭圆形，黄褐色，长 2.5 毫米；子房圆锥形，长 7 毫米，无毛；花柱长 2.4 厘米，无毛，柱头近盘状。

**果实和种子**：蒴果长圆柱形，直立，顶部微弯，长 1.5 ~ 3 厘米，直径 4 ~ 6 毫米。

**花果期**：花期 5 ~ 6 月，果期 9 ~ 10 月。

## 樱草杜鹃

*Rhododendron primulaeflorum*

**杜鹃花科** Ericaceae | **杜鹃花属** *Rhododendron*

**植株**：常绿小灌木，高0.36~1（~2.5）米；茎灰棕色，表皮常薄片状脱落；幼枝短而细，灰褐色，密被鳞片和短刚毛；叶芽鳞早落。

**叶**：叶革质，芳香，长圆形、长圆状椭圆形至卵状长圆形，长（0.8~）2~2.5（~3.5）厘米，宽（5~）8~10（~15）毫米，先端钝，有小突尖，基部渐狭；上面暗绿色，光滑，有光泽，具网脉，下面密被重叠成2~3层、淡黄褐色或黄褐色或灰褐色屑状鳞片；叶柄长2~5毫米，密被鳞片。

**花**：花序顶生，头状，花5~8朵，花芽鳞早落；花梗长2~4毫米，被鳞片，无毛；花萼长3~6毫米，外面疏被鳞片，裂片长圆形、披针形至长圆状卵形，边缘有或无缘毛；花冠狭筒状漏斗形，长1.2~1.9厘米，白色具黄色的管部，罕全部为粉红或蔷薇色，花管长6~10（~12）毫米，内面喉部被长柔毛，外面无毛，或有时疏被鳞片，裂片近圆形，长3~6毫米；雄蕊5枚或6枚，内藏于花管，基部有短柔毛或光滑；子房有鳞片或无；花柱粗短，约与子房等长，光滑。

**果实和种子**：蒴果卵状椭圆形，长约4~5毫米，密被鳞片。

**花果期**：花期5~6月，果期7~9月。

# 腋花杜鹃

*Rhododendron racemosum*

**杜鹃花科** Ericaceae | **杜鹃花属** *Rhododendron*

**植株**：小灌木，高0.15～2米；分枝多，幼枝短而细，被黑褐色腺鳞，无毛或有时被微柔毛。

**叶**：叶片多数，散生，揉之有香气，长圆形或长圆状椭圆形，长1.5～4厘米，宽0.8～1.8厘米，顶端钝圆或锐尖，具明显或不明显的小短尖头，基部钝圆或楔形渐狭，边缘反卷；上面密生黑色或淡褐色小鳞片，下面通常灰白色，密被褐色鳞片，鳞片中等大小，近等大，相距不超过其直径，也不相邻接；侧脉在两面均不明显，网脉在上面明显或不显，在下面不明显；叶柄短，长2～4毫米，被鳞片。

**花**：花序腋生枝顶或枝上部叶腋，每一花序有花2～3朵；花芽鳞多数覆瓦状排列，于花期仍不落；花梗纤细，长0.5～1厘米，密被鳞片；花萼小，环状或波状浅裂，被鳞片；花冠小，宽漏斗状，长0.9～1.4厘米，粉红色或淡紫红色，中部或中部以下分裂，裂片开展，外面疏生鳞片或无；雄蕊10枚，伸出花冠外；花丝基部密被开展的柔毛；子房5室，密被鳞片；花柱长于雄蕊，洁净，或有时基部有短柔毛。

**果实和种子**：蒴果长圆形，长0.5～1厘米，被鳞片。

**花果期**：花期3～5月。

## 红棕杜鹃

*Rhododendron rubiginosum*

**杜鹃花科** Ericaceae | **杜鹃花属** *Rhododendron*

**植株**：常绿灌木，高 1～3 米，或成小乔木，高达 10 米；幼枝粗壮，褐色，有鳞片。

**叶**：叶通常向下倾斜，椭圆形、椭圆状披针形或长圆状卵形，长 3.5～8 厘米，宽 1.3～3.5 厘米，顶端通常渐尖，有时锐尖，基部楔形、宽楔形以至钝圆；上面密被鳞片，以后渐疏，下面密被锈红色鳞片，鳞片通常腺体状，有时薄片状，大小不等，大鳞片色较深，褐红色或黑褐色，散生但常密生于中脉两侧，小鳞片覆瓦状排列或相距为其直径之半；叶柄长 0.5～1.3 厘米，密生鳞片。

**花**：花序顶生，花 5～7 朵，伞形着生；花梗长 1～2.5 厘米，密被鳞片；花萼短小，边缘状或浅 5 圆裂，密被鳞片；花冠宽漏斗状，长 2.5～3.5 厘米，淡紫色、紫红色、玫瑰红色、淡红色，少有白色带淡紫色晕，内有紫红色或红色斑点，外面被疏散的鳞片；雄蕊 10 枚，不等长，略伸出花冠；花丝下部被短柔毛；子房 5 室，有密鳞片；花柱长过雄蕊，不被毛。

**果实和种子**：蒴果长圆形，长达 1.8 厘米。

**花果期**：花期（3～）4～6 月，果期 7～8 月。

## 平卧怒江杜鹃

**杜鹃花科** Ericaceae | **杜鹃花属** *Rhododendron*

*Rhododendron saluenense* var. *prostratum*

**植株**：匍匐状矮小灌木，高（5～）10～30（～60）厘米；幼枝密被鳞片和褐色长刚毛。

**叶**：叶小，椭圆形、长圆状椭圆形或卵状椭圆形，长7～17毫米，顶端钝圆，具直立或反折的短尖头，基部通常钝圆，有时宽楔形；上面暗淡或光亮，鳞片疏或密，下面密被覆瓦状鳞片，褐色、淡褐色或黄绿色，鳞片边缘有细圆齿，沿叶脉有时疏生长刚毛，通常边缘于幼时有长刚毛，以后渐脱落；叶柄长2～4毫米，被鳞片和刚毛。

**花**：花序顶生，花1～3朵，花梗长0.7～1.5厘米，红色，被鳞片，有疏或密的刚毛或无毛；花冠较短小，长1.4～2.5厘米；花萼外面无鳞片或偶有数个鳞片，被微毛或近无毛，边缘有短睫毛；雄蕊长短不一，露出花冠筒外，短于花冠；花丝基部密被柔毛；花柱红色，伸出花冠，基部有微柔毛或无。

**果实和种子**：蒴果卵球形，高5～9毫米，被宿萼。

**花果期**：花期6～8月，果期8月以后。

## 凸尖杜鹃

*Rhododendron sinogrande*

**杜鹃花科** Ericaceae | **杜鹃花属** *Rhododendron*

**植株：**常绿乔木，高 5～12 米；幼枝粗壮，直径 1～1.5 厘米，被薄层银灰色毛被。

**叶：**叶大，厚革质，长圆状椭圆形或长圆状倒披针形，长 20～70 厘米，宽 8～30 厘米，先端圆或钝，具硬凸尖头，基部宽楔形或圆形，边缘略反卷；上面无毛，微有皱纹，中脉凹入或平坦，侧脉 15～18 对，凹入，下面具光泽，被银灰色至淡黄色黏结状紧贴的毛被，中脉极度凸起，侧脉显著；叶柄粗，长 3～5 厘米，被银灰色紧贴的毛被。

**花：**顶生总状伞形花序或伞形花序，有花 15～20 朵；总轴长 3～6 厘米，被微绒毛，无腺体；花梗粗壮，长 3～5 厘米，密被淡黄色微绒毛；花萼小，偏斜，长约 2 毫米，8～10 裂，裂片三角形，被微柔毛或近无毛；花冠宽钟形，偏斜，肉质，长 4.5～5.5 厘米，乳白色至淡黄色，里面基部具深红色蜜腺囊，8～10 裂，裂片圆形，长约 1.5 厘米，宽 2 厘米，顶端微有缺刻；雄蕊 8～20 枚，不等长，长 1.5～2.5 厘米，花丝基部密被微柔毛，花药椭圆形，黄褐色，长 3 毫米；雌蕊稍短于花冠，长于雄蕊；子房圆锥形，长约 1 厘米，密被淡棕色绒毛，无腺体；花柱无毛，柱头大，盘状。

**果实和种子：**蒴果大，木质，圆柱形，长 4～7 厘米，直径 1.4～2.7 厘米，密被锈色绒毛，略弯；果梗长 6～6.5 厘米。

**花果期：**花期 4～5 月，果期 8～10 月。

# 川滇杜鹃

**杜鹃花科** Ericaceae | **杜鹃花属** *Rhododendron*

*Rhododendron traillianum*

**植株**：常绿灌木或小乔木，高 2～8 米；枝条粗壮，初被灰色至淡黄棕色丛卷毛，后变无毛。

**叶**：叶革质，常集生于小枝顶端，叶片长圆状披针形至椭圆形，长 6.5～10 厘米，宽 2.5～3.5 厘米，先端钝尖，具细小尖头，基部圆形，边缘稍反卷；上面深绿色，无毛，微皱，中脉凹入，侧脉约 14 对，微凹，下面密被薄层淡棕色至黄棕色粉末状毛被，由具短梨形臂的放射状毛组成，中脉凸起，侧脉不显；叶柄长 1～2 厘米，疏被丛卷毛，后变无毛。

**花**：顶生总状伞形花序，有花 10～15 朵；总轴长约 1 厘米，被丛卷毛；苞片早落；花梗长 1.5～2 厘米，疏被棕色丛卷毛；花萼小，长约 1.5 毫米，5 裂，裂片宽三角形，边缘多少具睫毛；花冠漏斗状，钟形，长 2.5～3.5 厘米，白色或粉红色，筒部上方具深红色斑点，里面基部具紫色斑和白色微柔毛，裂片 5，近圆形，长 1～1.5 厘米，宽 1.5～2 厘米，顶端深缺；雄蕊 10 枚，不等长，长 1.4～2.5 厘米；花丝基部被白色微柔毛；花药椭圆形，黄棕色，长 2 毫米；雌蕊比花冠略短或近相等；子房圆锥形，顶端平截，长 5 毫米，无毛或疏被红棕色丛卷毛；花柱无毛，柱头头状。

**果实和种子**：蒴果圆柱形，长 1.5～2.5 厘米，直径 4～8 毫米。

**花果期**：花期 5～6 月，果期 9～10 月。

## 鳞斑毛嘴杜鹃

*Rhododendron trichostomum* var. *radinum*　　**杜鹃花科** Ericaceae | **杜鹃花属** *Rhododendron*

**植株**：常绿灌木，高0.3～1（～1.5）米；分枝多而缠结，细瘦，密被鳞片和小刚毛；叶芽鳞宿存。

**叶**：叶革质，卵形或卵状长圆形，长0.8～3.2厘米，宽4～8毫米，先端尖或钝，具短尖头，基部楔形或圆形，边缘反卷；上面深绿色，有光泽，初被鳞片，后变光滑，沿中脉有微柔毛，下面常淡黄褐色至灰褐色，被重叠成2～3层的具长短不齐的有柄鳞片，最下层鳞片金黄色，较其他层色浅；叶柄长2～4毫米，被鳞片。

**花**：花序顶生，头状，有花6～10（～20）朵，花芽鳞在花期存在，花密集；花萼小，长0.5～2（～3）毫米，裂片长圆形至卵形，外面被鳞片或无，边缘常有鳞片并稍有缘毛；花冠狭筒状，长0.8～1.6（～2）厘米，白色、粉红色或蔷薇色，外面密被鳞片；花柱通常短于子房。

**果实和种子**：蒴果卵圆形至长圆形，长3～5毫米，密被鳞片。

**花果期**：花期5～7月。

## 紫玉盘杜鹃

**杜鹃花科** Ericaceae | **杜鹃花属** *Rhododendron*

*Rhododendron uvariifolium*

**植株**：常绿灌木或乔木，高 2 ~ 10 米；幼枝直径 5 ~ 8 毫米，被薄层带白色或灰色绒毛，后变无毛。

**叶**：叶革质，倒披针形、长圆状倒披针形或倒卵形，长 11 ~ 24 厘米，宽 3.5 ~ 6.5 厘米，先端钝或急尖，具短小尖头，基部楔形或钝；上面深绿色，无毛，微皱，中脉凹入，侧脉 14 ~ 18对，微凹，下面密被灰白色至灰褐色连续毛被，由树状分枝毛组成，表面平滑，中脉和侧脉凸起；叶柄长 1 ~ 2 厘米，被灰白色绒毛。

**花**：顶生总状伞形花序，有花 8 ~ 18 朵；总轴长约 1 厘米，多少被毛；花梗长 1.5 ~ 2.5 厘米，疏被丛卷毛或近于无毛；花萼小，长 0.5 ~ 1 毫米，5 裂，裂片圆形或近三角形，无毛或疏被丛卷毛；花冠钟形，长 3 ~ 3.5 厘米，白色或粉红色至蔷薇色，基部具深红色斑块，向上有紫红色斑点，裂片 5 枚，近于圆形，长 1 ~ 1.3 厘米，宽 1.5 ~ 2 厘米，顶端微缺；雄蕊 10 枚，不等长，长 1.5 ~ 3 厘米；花丝基部被白色微柔毛；花药椭圆形，深棕色，长 2 ~ 2.5 毫米；雌蕊比花冠略短或近等长；子房窄长圆柱形，长 7 毫米，无毛，花柱长 2.3 厘米，无毛；柱头头状。

**果实和种子**：蒴果狭长，极度弯弓，长 3.5 ~ 5 厘米，直径 3 ~ 4 毫米，无毛。

**花果期**：花期 4 ~ 6 月，果期 8 ~ 10 月。

# 亮叶杜鹃

*Rhododendron vernicosum*

**杜鹃花科** Ericaceae | **杜鹃花属** *Rhododendron*

**植株：** 常绿灌木或小乔木，高1～5米，稀达8米；树皮灰色至灰褐色；幼枝淡绿色，有时有少数腺体，后即秃净，老枝灰褐色；冬芽顶生，卵圆形，长约1厘米；芽鳞边缘具白色短柔毛。

**叶：** 叶革质，长圆状卵形至长圆状椭圆形；长5～12.5厘米，宽2.3～4.8厘米，先端钝至宽圆形，基部宽或近圆形，上面深绿色，微被蜡质，无毛，下面灰绿色，在放大镜下可见有许多点状小毛；中脉在上面稍凹下，下面凸起，侧脉14～16对；叶柄圆柱形，淡黄绿色，长1.5～3.5厘米，无毛。

**花：** 顶生总状伞形花序，有花6～10朵；总轴长约1厘米，疏被腺体及白色小柔毛；花梗紫红色，长2～3厘米，被红色短柄腺体；花萼小，长1.6毫米，淡绿或紫红色，肉质，裂片7（～8）枚，圆形至三角形，外面密被腺体，边缘腺体呈流苏状；花冠宽漏斗状钟形，有闷人气味，长4～4.2厘米，直径5.2～6.4厘米，淡红色至白色，无毛，内面有或无深红色小斑点，裂片7（～5～6）枚，近于圆形，长1.8厘米，宽约2厘米，顶端有缺刻；雄蕊（11～13）～14枚，不等长，长2～3厘米；花丝白色，无毛；花药长椭圆形，长3毫米，黄色至白色；子房圆锥形，6～7室，绿色，长5毫米，密被红色腺体；花柱淡白色，长2.6厘米，密被紫红色短柄腺体；柱头小，宽约2.5毫米，裂片状，绿色。

**果实和种子：** 蒴果长圆柱形，斜生果梗上，微弯曲，长3～3.8厘米，绿色至浅褐色，肋纹明显，有残存的腺体痕迹。

**花果期：** 花期4～6月，果期8～10月。

# 黄杯杜鹃

**杜鹃花科** Ericaceae | **杜鹃花属** *Rhododendron*

*Rhododendron wardii*

**植株**：灌木，高约 3 米；幼枝嫩绿色，平滑无毛，老枝灰白色；树皮有时层状剥落。

**叶**：叶多密生于枝端，革质，长圆状椭圆形或卵状椭圆形，长 5 ~ 8 厘米，宽 3 ~ 4.5 厘米，先端钝圆，有细尖头，基部微心形；上面深绿色，下面淡绿色或灰绿色；中脉在上面平坦或有小沟纹，在下面凸起，侧脉 9 ~ 13 对，在两面均微现；叶柄细瘦，长 2 ~ 3 厘米，无毛，上面有沟槽。

**花**：总状伞形花序，有花 5 ~ 8（~ 14）朵；总轴长 5 ~ 15 毫米，有短柄腺体；花梗长 2 ~ 4 厘米，常被稀疏腺体；花萼大，5 裂，萼片膜质，卵形或卵状椭圆形，长 5 ~ 8（~ 12）毫米，宽 3 ~ 5 毫米，不等大，边缘密生整齐的腺体；花冠杯状，长 3 ~ 4 厘米，直径 4 ~ 5 厘米，鲜黄色，5 裂，裂片近圆形，长约 1.5 厘米，顶端有凹缺；雄蕊 10 枚，花丝长 1 ~ 1.8 厘米，不等长，无毛；花药卵圆形，长约 2 毫米，黄色；雌蕊长 2 ~ 2.5 厘米；子房圆锥形，长 5 毫米，密被腺体；花柱长约 2 厘米，通体有腺体，柱头膨大呈头状。

**果实和种子**：蒴果圆柱状，长 2 ~ 2.5 厘米，直径 7 毫米，微弯曲，顶端渐尖成锥状，被腺毛；花萼在果时常宿存，并长大成叶状，长达 1.2 厘米。

**花果期**：花期 6 ~ 7 月，果期 8 ~ 9 月。

# 云南杜鹃

*Rhododendron yunnanense*

**杜鹃花科** Ericaceae | **杜鹃花属** *Rhododendron*

**植株**：落叶、半落叶或常绿灌木，偶成小乔木，高 1 ~ 2（~4）米；幼枝疏生鳞片，无毛或有微柔毛，老枝光滑。

**叶**：叶通常向下倾斜着生，叶片长圆形、披针形、长圆状披针形或倒卵形，长 2.5 ~ 7 厘米，宽 0.8 ~ 3 厘米，先端渐尖或锐尖，有短尖头，基部渐狭成楔形；上面无鳞片或疏生鳞片，无毛或沿中脉被微柔毛，偶或叶面全有微柔毛并疏生刚毛，下面绿或灰绿色，网脉纤细而清晰，疏生鳞片，鳞片中等大小，相距为其直径的 2 ~ 6 倍，边缘无或疏生刚毛；叶柄长 3 ~ 7 毫米，疏生鳞片，被短柔毛或有时疏生刚毛。

**花**：花序顶生或同时枝顶腋生，花 3 ~ 6 朵，伞形着生或成短总状；花序轴长 2 ~ 3 毫米；花梗长 0.5 ~ 2（~3）厘米，疏生鳞片或无鳞片；花萼环状或 5 裂，裂片长 0.5 ~ 1 毫米，疏生鳞片或无鳞片，无缘毛或疏生缘毛；花冠宽漏斗状，略呈两侧对称，长 1.8 ~ 3.5 厘米，白色、淡红色或淡紫色，内面有红、褐红、黄或黄绿色斑点，外面无鳞片或疏生鳞片；雄蕊不等长，雄蕊常伸出花冠外，花丝下部或多或少被短柔毛；子房 5 室，密被鳞片；花柱伸出花冠外，洁净。

**果实和种子**：蒴果长圆形，长 0.6 ~ 2 厘米。

**花果期**：花期 4 ~ 6 月。

## 苍山越橘

**杜鹃花科** Ericaceae | **越橘属** *Vaccinium*

*Vaccinium delavayi*

**植株**：常绿小灌木，有时附生，高 0.5 ~ 1 米；分枝多，短而密集，幼枝被灰褐色短柔毛，杂生褐色具腺长刚毛。

**叶**：叶密生，叶片革质，倒卵形或长圆状倒卵形，长 0.7 ~ 1.5 厘米，宽 0.4 ~ 0.9 厘米，顶端圆形，微凹，基部楔形，边缘有软骨质边，通常有疏、浅的小齿，或近于全缘，疏生易落的具腺短缘毛，近基部两侧各有 1 腺体，两面无毛；中脉和侧脉在表面下陷，在背面平坦，仅中脉稍隆起；叶柄长 1 ~ 1.5 毫米，被短柔毛。

**花**：总状花序顶生，长 1 ~ 3 厘米，有多数花；序轴上被与茎相同的毛；苞片卵形，长 5 ~ 6毫米，早落；小苞片披针形，长 3 毫米；花梗长 2 ~ 4 毫米，被短柔毛；萼筒无毛，萼齿宽三角形，长不及 1 毫米，通常有短缘毛；花冠白色或淡红色，坛状，长 3 ~ 5 毫米，外面无毛，内面上部有短柔毛，裂片短小，通常直立；雄蕊比花冠短，长约 2.5 毫米，花丝扁平，长约 1 毫米，顶部有少数疏柔毛，下部无毛或近无毛，药室背部有 2 斜伸的短距，药管与药室近等长。

**果实和种子**：浆果球形，成熟时紫黑色，直径 4 ~ 8 毫米。

**花果期**：花期 3 ~ 5 月，果期 7 ~ 11 月。

# 乌鸦果

*Vaccinium fragile*

**杜鹃花科** Ericaceae | **越橘属** *Vaccinium*

**植株**：常绿矮小灌木，高 20 ~ 50 厘米，有时高 1 米以上；地下有木质粗根，有时粗大呈疙瘩状；茎多分枝，有时丛生，枝条疏被或密被具腺长刚毛和短柔毛。

**叶**：叶密生，叶片革质，长圆形或椭圆形，长 1.2 ~ 3.5 厘米，宽 0.7 ~ 2.5 厘米，顶端锐尖，渐尖或钝圆，基部钝圆或楔形渐狭，边缘有细锯齿，齿尖锐尖或针芒状；两面被刚毛和短柔毛，或仅有少数刚毛，或仅有短柔毛，或近于无毛；除中脉在两面略突起外，侧脉均不明显；叶柄短，长 1 ~ 1.5 毫米。

**花**：总状花序生枝条下部叶腋和生枝顶叶腋而呈假顶生，长 1.5 ~ 6 厘米，有多数花，偏向花序一侧着生；序轴被具腺长刚毛和短柔毛，有时仅有短柔毛；苞片叶状，有时带红色，长 4 ~ 9 毫米，两面被糙伏毛，边缘有齿或有刚毛；小苞片卵形或披针形，长 2.5 ~ 4 毫米，着生花梗中、下部，毛被同苞片；花梗长 1 ~ 2 毫米，被毛；花萼通常绿色带暗红色，萼筒被毛或无毛，萼齿三角形，长约 1 毫米，密被短毛或有时近无毛；花冠白色至淡红色，有 5 条红色脉纹，长 5 ~ 6 毫米，口部缢缩，外面无毛或有时有短柔毛，内面密生白色短柔毛，裂齿短小，三角形，直立或略向外反折；雄蕊内藏，短于花冠，药室背部有 2 上举的距，药管与药室近等长，花丝长 2 毫米，被疏柔毛；花柱内藏。

**果实和种子**：浆果球形，绿色变红色，成熟时紫黑色，外面被毛或无毛，直径 4 ~ 5 毫米。

**花果期**：花期春夏以至秋季，果期 7 ~ 10 月。

# 须弥茜树

**茜草科** Rubiaceae | **须弥茜树属** *Himalrandia*

*Himalrandia lichiangensis*

**植株**：无刺灌木，高 0.6 ~ 3 米，多分枝；枝粗壮，坚硬。

**叶**：叶纸质或薄革质，常簇生于缢缩的侧生短枝上，倒卵形或倒卵状匙形，长 1 ~ 6.5 厘米，宽 0.6 ~ 3.5 厘米，顶端短尖或稍钝，基部楔形，干时常呈黑色；两面有贴生的糙伏毛，在下面常在脉上较密；侧脉 3 ~ 5 对，在下面稍明显；叶柄长约 1 毫米或近无柄；托叶卵形，长约 5 毫米。

**花**：花单朵顶生于缢缩的侧生短枝上，近无花梗；花萼长约 3 毫米，外面有疏柔毛，萼裂片 5 枚，三角形，顶端短尖，具缘毛；花冠黄色，冠管长约 3 毫米，内面被白色硬毛，花冠裂片卵形，长约 5 毫米，开展；雄蕊 5 枚，伸出，花丝极短，花药线形，长约 3 毫米；柱头纺锤形。

**果实和种子**：浆果球形，直径 5 ~ 6 毫米；种子椭圆形，1 ~ 2 颗，直径约 3 毫米。

**花果期**：花期 5 月，果期 7 ~ 11 月。

# 丁　茜

*Trailliaedoxa gracilis*

**茜草科** Rubiaceae | **丁茜属** *Trailliaedoxa*

**植株**：直立亚灌木，多分枝，高 20 ~ 45 厘米，间有达 60 厘米，基部木质；茎纤细，稠密，圆柱形，密被微细卷毛，老时毛脱落近无毛。

**叶**：叶革质，倒卵形或倒披针形，长 5 ~ 10 毫米，宽 3 ~ 4 毫米，顶端圆或钝，基部渐狭成 1 柄，全缘；上面无毛或被疏毛，下面色较淡，沿中脉被长毛，其余无毛或被微柔毛，两面叶脉均不明显；叶柄极短，长不及 1 毫米；托叶锥形，2 裂，长约 6 毫米，被微柔毛。

**花**：花序近球形，长约 5 毫米，宽 8 毫米，有花 6 ~ 12 朵，被曲卷毛并有长约 5 毫米的总花梗和微小、线形的苞片；花梗长 1 ~ 2 毫米，被长毛；萼管长约 1 毫米，被浓密钩毛；萼檐裂片线形，长 0.8 毫米，短尖，基部略收缩；花冠红白色或浅黄色，延长漏斗形，长约 2 毫米，宽 0.75 毫米。

**果实和种子**：果密被钩毛，顶部冠以宿存萼檐裂片。

**花果期**：花期 8 ~ 9 月。

# 粗糠树

紫草科 Boraginaceae | 厚壳树属 *Ehretia*

*Ehretia macrophylla*

**植株**：落叶乔木，高约15米，胸高直径20厘米；树皮灰褐色，纵裂；枝条褐色，小枝淡褐色，均被柔毛。

**叶**：叶宽椭圆形、椭圆形、卵形或倒卵形，长8～25厘米，宽5～15厘米，先端尖，基部宽楔形或近圆形，边缘具开展的锯齿；上面密生具基盘的短硬毛，极粗糙，下面密生短柔毛；叶柄长1～4厘米，被柔毛。

**花**：聚伞花序顶生，呈伞房状或圆锥状，宽6～9厘米，具苞片或无；花无梗或近无梗；苞片线形，长约5毫米，被柔毛；花萼长3.5～4.5毫米，裂至近中部，裂片卵形或长圆形，具柔毛；花冠筒状钟形，白色至淡黄色，芳香，长8～10毫米，基部直径2毫米，喉部直径6～7毫米，裂片长圆形，长3～4毫米，比筒部短；雄蕊伸出花冠外，花药长1.5～2毫米，花丝长3～4.5毫米，着生花冠筒基部以上3.5～5.5毫米处；花柱长6～9毫米，无毛或稀具伏毛，分枝长1～1.5毫米。

**果实和种子**：核果黄色，近球形，直径10～15毫米，内果皮成熟时分裂为2个具2粒种子的分核。

**花果期**：花期3～5月，果期6～7月。

# 假烟叶树

*Solanum verbascifolium*

**茄科** Solanaceae | **茄属** *Solanum*

**植株**：小乔木，高 1.5 ~ 10 米；小枝密被白色具柄头状簇绒毛。

**叶**：叶大而厚，卵状长圆形，长 10 ~ 29 厘米，宽 4 ~ 12 厘米，先端短渐尖，基部阔楔形或钝；上面绿色，被具短柄的 3 ~ 6 不等长分枝的簇绒毛，下面灰绿色，毛被较上面厚，被具柄的 10 ~ 20 不等长分枝的簇绒毛，全缘或略作波状，侧脉每边 7 ~ 9 条；叶柄粗壮，长约 1.5 ~ 5.5 厘米，密被与叶下面相似的毛被。

**花**：聚伞花序多花，形成近顶生圆锥状平顶花序；总花梗长 3 ~ 10 厘米，花梗长 3 ~ 5 毫米，均密被与叶下面相似的毛被；花白色，直径约 1.5 厘米；萼钟形，直径约 1 厘米，外面密被与花梗相似的毛被，内面被疏柔毛及少数簇绒毛，5 半裂，萼齿卵形，长约 3 毫米，中脉明显；花冠筒隐于萼内，长约 2 毫米，冠檐深 5 裂，裂片长圆形，端尖，长 6 ~ 7 毫米，宽 3 ~ 4 毫米，中脉明显，在外面被星状簇绒毛；雄蕊 5 枚，花丝长约 1 毫米，花药长约为花丝长度的 2 倍，顶孔略向内；子房卵形，直径约 2 毫米，密被硬毛状簇绒毛；花柱光滑，长约 4 ~ 6 毫米，柱头头状。

**果实和种子**：浆果球状，具宿存萼，直径约 1.2 厘米，黄褐色，初被星状簇绒毛，后渐脱落；种子扁平，直径约 1 ~ 2 毫米。

**花果期**：几全年开花结果。

# 流苏树

**木樨科** Oleaceae | **流苏树属** *Chionanthus*

*Chionanthus retusus*

**植株**：落叶灌木或乔木，高可达 20 米；小枝灰褐色或黑灰色，圆柱形，开展，无毛，幼枝淡黄色或褐色，疏被或密被短柔毛。

**叶**：叶片革质或薄革质，长圆形、椭圆形或圆形，有时卵形或倒卵形至倒卵状披针形，长 3 ~ 12 厘米，宽 2 ~ 6.5 厘米，先端圆钝，有时凹入或锐尖，基部圆或宽楔形至楔形，稀浅心形，全缘或有小锯齿；叶缘稍反卷，幼时上面沿脉被长柔毛，下面密被或疏被长柔毛，叶缘具睫毛，老时上面沿脉被柔毛，下面沿脉密被长柔毛，稀被疏柔毛，其余部分疏被长柔毛或近无毛；中脉在上面凹入，下面凸起，侧脉 3 ~ 5 对，两面微凸起或上面微凹入，细脉在两面常明显微凸起；叶柄长 0.5 ~ 2 厘米，密被黄色卷曲柔毛。

**花**：聚伞状圆锥花序，长 3 ~ 12 厘米，顶生于枝端，近无毛；苞片线形，长 2 ~ 10 毫米，疏被或密被柔毛；花长 1.2 ~ 2.5 厘米，单性而雌雄异株或为两性花；花梗长 0.5 ~ 2 厘米，纤细，无毛；花萼长 1 ~ 3 毫米，4 深裂，裂片尖三角形或披针形，长 0.5 ~ 2.5 毫米；花冠白色，4 深裂，裂片线状倒披针形，长（1 ~ ）1.5 ~ 2.5 厘米，宽 0.5 ~ 3.5 毫米；花冠管短，长 1.5 ~ 4 毫米；雄蕊藏于管内或稍伸出，花丝长在 0.5 毫米之下，花药长卵形，长 1.5 ~ 2毫米，药隔突出；子房卵形，长 1.5 ~ 2 毫米；柱头球形，稍 2 裂。

**果实和种子**：果椭圆形，被白粉，长 1 ~ 1.5 厘米，径 6 ~ 10 毫米，呈蓝黑色或黑色。

**花果期**：花期 3 ~ 6 月，果期 6 ~ 11 月。

## 锡金梣

*Fraxinus sikkimensis*

木樨科 Oleaceae | 梣属 *Fraxinus*

**植株**：大乔木，高 17 米；当年生枝粗壮，褐色，近四棱形，无毛或被棕色绒毛，老枝灰色，散生白色皮孔。

**叶**：羽状复叶长 25 ~ 35 厘米；叶柄长约 10 厘米，基部稍增厚；叶轴近圆柱形，小叶着生处具关节，节上密被锈色茸毛；小叶 7 ~ 9 枚，硬纸质至革质，披针形，长 5.5 ~ 12 厘米，宽 2 ~ 4.5 厘米，顶生小叶较大，先端渐尖或长渐尖，基部阔楔形或钝圆，侧生小叶基部两侧歪斜，不等大，下延至短柄，叶缘具整齐疏锯齿，齿尖胼眠状，干后上面橄榄绿色，粗糙，下面色淡，密被细毡毛，密布细小腺点；中脉在上面凹入，被稀疏长柔毛，下面明显凸起，脉腋内多少被长柔毛，侧脉 10 ~ 12（~ 18）对，上面不明显，下面凸起；小叶柄长 1 ~ 2 毫米或无柄，密被锈色茸毛。

**花**：圆锥花序顶生或侧生枝梢叶腋，长 15 ~ 30 厘米，疏松；花序梗近四棱形，长约 3 厘米，多少被棕色绒毛与锈色糠秕状毛；无苞片；花梗纤细，长 3 ~ 5 毫米；花萼杯状，长约 1 毫米，萼齿浅；雄花花冠裂片长圆状线形，长约 3 毫米，雄蕊 2 枚，伸出花冠之外，花药长约 2 毫米，花丝细长，长约 3 毫米，雌蕊败育；雌花花冠裂片早落，花柱短，柱头头状，歪斜。

**果实和种子**：翅果匙形，长 3 ~ 3.5 厘米，宽 4 ~ 6 毫米，上中部最宽，先端钝圆至微凹；翅下延至坚果中部；坚果隆起，脉棱细直而清晰。

**花果期**：花期 5 月，果期 7 ~ 10 月。

# 三叶梣

**木樨科** Oleaceae | **梣属** *Fraxinus*

*Fraxinus trifoliolata*

**植株**：直立灌木，高3～8米；树皮灰白色；枝干粗壮，近圆柱形或稍扁，具纵棱，无毛，节稍宽，密生白色皮孔，皮孔小而圆，平坦，明显。

**叶**：3出羽状复叶长15～18厘米；叶柄长5～6厘米，基部增厚，呈红色，被稀疏淡红色硬毛或无毛；叶轴具沟，边缘具窄棱；小叶硬纸质至革质，卵形至椭圆形，长8～12（～15）厘米，宽3.5～5（～7）厘米，顶生小叶较大，先端渐尖，基部阔楔形，下延至小叶柄，叶缘具整齐锐锯齿，上面暗绿色，无毛，下面密被淡红色硬毛和黄色绒毛；中脉在上面凹入，下面凸起，侧脉（10～）12～16对，直达叶缘网结，细脉网状；侧生小叶柄长1厘米至近无柄。

**花**：圆锥花序大，顶生及侧生于枝梢叶腋，长10～15厘米，花密集；花序梗扁平，长约2厘米；苞片线形，早落，无毛或疏被棉毛；花芳香，花梗细；长约3毫米；花萼小，钟状，长约1毫米，顶端4裂不等大；雄花花冠裂片线形，白色，长6～7毫米，雄蕊2枚，与裂片近等长，花药长约2毫米，花丝纤细，长约3毫米；雌花未见。

**果实和种子**：翅果匙形，长约3厘米，宽约5毫米，上中部最宽，先端圆或凹头，密被锈色糠秕状毛；翅扁平，延至坚果中部以下；坚果隆起，长约1厘米，脉纹明显。

**花果期**：花期5月，果期7～10月。

# 紫药女贞

*Ligustrum delavayanum*

**木樨科** Oleaceae | **女贞属** *Ligustrum*

**植株**：灌木，高1~4米；树皮灰褐色或褐色；枝灰褐色或灰黑色，圆柱形，具网纹，疏生圆形皮孔或皮孔不明显，疏被短柔毛或近无毛，小枝褐色或灰褐色，圆柱形或稍具棱，密被短柔毛。

**叶**：叶片薄革质，椭圆形或卵状椭圆形，有时为长圆状椭圆形或长圆状披针形或披针形，长1~4厘米，宽0.6~1.5厘米，稀较大，长可达9厘米，宽达3.5厘米，先端锐尖或渐尖，有时钝至近圆形，稀尾尖，基部渐窄或近圆形，叶缘反卷；两面无毛或有时仅沿上面中脉被短柔毛，中脉在上面凹入，下面凸起，侧脉2~6（~8）对，两面常不明显或微凸起；叶柄长1~5（~10）毫米，被微柔毛，具沟。

**花**：圆锥花序花密集，常近圆柱状，或有时仅具少数花而簇生，长1~5.5厘米，宽1~2厘米，通常着生于去年生枝的腋内或侧生于小枝顶端；花序梗长0~2.5厘米，密被短柔毛或刚毛，果时明显具棱；苞片线形或钻形，长1~6毫米；花无梗或梗长达3毫米，无毛；花萼无毛，长1~2毫米，具三角形齿或近截形；花冠长4~7.5毫米，花冠管长2.5~5毫米，裂片长1.5~2.5毫米，常不反折；花丝长1.5~2毫米，短于裂片或与裂片近等长；花药紫色，长1.5~2毫米；花柱长1~3毫米，藏于花冠管内，柱头棒状。

**果实和种子**：果椭圆形或球形，长5~9（~11）毫米，径4~7（~8）毫米，直，呈黑色，常被白粉；果梗长1~5毫米。

**花果期**：花期5~7月，果期7~12月。

# 女　贞

**木樨科** Oleaceae | **女贞属** *Ligustrum*

*Ligustrum lucidum*

**植株**：灌木或乔木，高可达 25 米；树皮灰褐色；枝黄褐色、灰色或紫红色，圆柱形，疏生圆形或长圆形皮孔。

**叶**：叶片常绿，革质，卵形、长卵形或椭圆形至宽椭圆形，长 6 ~ 17 厘米，宽 3 ~ 8 厘米，先端锐尖至渐尖或钝，基部圆形或近圆形，有时宽楔形或渐狭，叶缘平坦；上面光亮，两面无毛，中脉在上面凹入，下面凸起，侧脉 4 ~ 9 对，两面稍凸起或有时不明显；叶柄长 1 ~ 3厘米，上面具沟，无毛。

**花**：圆锥花序顶生，长 8 ~ 20 厘米，宽 8 ~ 25 厘米；花序梗长 0 ~ 3 厘米；花序轴及分枝轴无毛，紫色或黄棕色，果时具棱；花序基部苞片常与叶同型，小苞片披针形或线形，长 0.5 ~ 6 厘米，宽 0.2 ~ 1.5 厘米，凋落；花无梗或近无梗，长不超过 1 毫米；花萼无毛，长 1.5 ~ 2 毫米，齿不明显或近截形；花冠长 4 ~ 5 毫米，花冠管长 1.5 ~ 3 毫米，裂片长 2 ~ 2.5 毫米，反折；花丝长 1.5 ~ 3 毫米；花药长圆形，长 1 ~ 1.5 毫米；花柱长 1.5 ~ 2 毫米，柱头棒状。

**果实和种子**：果肾形或近肾形，长 7 ~ 10 毫米，径 4 ~ 6 毫米，深蓝黑色，成熟时呈红黑色，被白粉；果梗长 0 ~ 5 毫米。

**花果期**：花期 5 ~ 7 月，果期 7 月至翌年 5 月。

# 小叶女贞

*Ligustrum quihoui*

**木樨科** Oleaceae | **女贞属** *Ligustrum*

**植株**：落叶灌木，高 1 ~ 3 米；小枝淡棕色，圆柱形，密被微柔毛，后脱落。

**叶**：叶片薄革质，形状和大小变异较大，披针形、长圆状椭圆形、椭圆形、倒卵状长圆形至倒披针形或倒卵形，长 1 ~ 4（~5.5）厘米，宽 0.5 ~ 2（~3）厘米，先端锐尖、钝或微凹，基部狭楔形至楔形，叶缘反卷；上面深绿色，下面淡绿色，常具腺点，两面无毛，稀沿中脉被微柔毛，中脉在上面凹入，下面凸起，侧脉 2 ~ 6 对，不明显，在上面微凹入，下面略凸起，近叶缘处网结不明显；叶柄长 0 ~ 5 毫米，无毛或被微柔毛。

**花**：圆锥花序顶生，近圆柱形，长 4 ~ 15（~22）厘米，宽 2 ~ 4 厘米，分枝处常有 1 对叶状苞片；小苞片卵形，具睫毛；花萼无毛，长 1.5 ~ 2 毫米，萼齿宽卵形或钝三角形；花冠长 4 ~ 5 毫米，花冠管长 2.5 ~ 3 毫米，裂片卵形或椭圆形，长 1.5 ~ 3 毫米，先端钝；雄蕊伸出裂片外，花丝与花冠裂片近等长或稍长。

**果实和种子**：果倒卵形、宽椭圆形或近球形，长 5 ~ 9 毫米，径 4 ~ 7 毫米，呈紫黑色。

**花果期**：花期 5 ~ 7 月，果期 8 ~ 11 月。

# 裂果女贞

**木樨科** Oleaceae | **女贞属** *Ligustrum*

*Ligustrum sempervirens*

**植株**：常绿灌木，高 1 ~ 4 米；小枝具棱，红棕色，具皮孔，密被微柔毛，后脱落。

**叶**：叶片革质，椭圆形、宽椭圆形、卵形至近圆形，长 1.5 ~ 6 厘米，宽 0.8 ~ 4.5 厘米，先端锐尖至短渐尖或钝，基部楔形、宽楔形至近圆形；上面深绿色，光亮，干后常皱缩，稀沿中脉被微柔毛，其余无毛，下面淡黄绿色或粉绿色，无毛，通常两面具斑状腺点，下面尤密；中脉在上面凹入，下面凸起，侧脉在两面不明显；叶柄长 0 ~ 5 毫米，下面被微柔毛或无毛。

**花**：圆锥花序顶生，长 2 ~ 10 厘米，宽 2 ~ 8 厘米，塔形，花密生；花序轴具棱，被微柔毛或无毛；小苞片卵形，具睫毛；花梗长 0 ~ 1.5 毫米；花萼无毛或被微柔毛，长 1.5 ~ 2.5 毫米，截形或萼齿呈三角形、钝三角形；花冠长 6 ~ 8 毫米，花冠管长 3 ~ 5 毫米，裂片卵形，长 1.5 ~ 3 毫米，先端稍呈兜状而具喙，反折；雄蕊与花冠裂片近等长或稍长，花丝长约为花冠裂片的 1/2，花药黄色，长圆形，长约 2 毫米。

**果实和种子**：果宽椭圆形，长约 8 毫米，径约 5 毫米，成熟时呈紫黑色，室背开裂。

**花果期**：花期 6 ~ 8 月，果期 9 ~ 11 月。

# 云南木樨榄

*Olea tsoongii*

**木樨科** Oleaceae | **木犀榄属** *Olea*

**植株**：灌木或乔木，高 3 ~ 15 米；树皮灰白色；枝灰白色或褐色，圆柱形，被白色圆形突起的皮孔，小枝栗色或灰色，圆柱形，被短柔毛，节处稍压扁。

**叶**：叶片革质，倒披针形、倒卵状椭圆形或椭圆形，长 3 ~ 13 厘米，宽 1.5 ~ 6 厘米，先端通常锐尖或渐尖，稀钝或圆，基部渐狭或楔形，常全缘或具不规则的锯齿，叶缘稍反卷，上面深绿色，下面淡绿色；中脉上面有时被微柔毛或黄色短茸毛，下面有时被疏柔毛，在上面凹入，下面凸起，侧脉 4 ~ 11 对，上面稍凹入，下面平坦，有时微凸起或凸起不明显；叶柄长 0.5 ~ 1 厘米，被短柔毛或短茸毛，上面具深沟。

**花**：花序腋生，圆锥状，有时呈总状或伞形，稍疏散，常被微柔毛，有时密被黄色茸毛；苞片钻形，长 1 ~ 1.5 毫米，有时呈小叶状，长可达 9 毫米；花白色、淡黄色或红色，杂性异株。雄花序长 2 ~ 15 厘米；花梗纤细，长 1 ~ 5 毫米，无毛；花萼长 1 ~ 1.5 毫米，裂片宽三角形或卵形，长 0.7 ~ 1 毫米，先端锐尖或钝，边缘具睫毛；花冠长 3 ~ 3.5（~4.5）毫米，裂片宽三角形，长 0.5 ~ 1.2 毫米；雄蕊花丝扁平，极短，着生于近花冠的基部；花药椭圆形，长约 1 毫米。两性花序长 1 ~ 6（~10.5）厘米；花梗短粗，长 0 ~ 2 毫米；花萼同雄花；花冠长（3 ~）4 ~ 4.5 毫米，裂片长 1 ~ 1.5 毫米；雄蕊 2 枚，稀 4 枚，花丝短，着生于花冠管中部，花药宽卵形，长约 0.8 毫米；子房卵球形；花柱长约 0.5 毫米，柱头头状。

**果实和种子**：果卵球形、长椭圆形或近球形，长 0.6 ~ 1.3 厘米，径 3 ~ 9 毫米，先端短尖，呈紫黑色；果梗长 2 ~ 4 毫米。

**花果期**：花期 2 ~ 11 月，果期 7 ~ 11 月。

## 管花木樨

*Osmanthus delavayi*

**木樨科** Oleaceae | **木犀属** *Osmanthus*

**植株**：常绿灌木，高约 2 米，稀高达 5 米；小枝灰褐色，幼枝红棕色，均密被柔毛。

**叶**：叶片厚革质，长圆形、宽椭圆形或宽卵形，长 1 ~ 2.5（~4）厘米，宽 1 ~ 1.5（~2）厘米，先端锐尖至钝，具小尖头，基部宽楔形，叶缘具 6 ~ 10 对锐尖锯齿，齿长约 1 毫米，腺点在两面呈小针孔状凹点或小针尖状突起；中脉在两面凸起，沿上面中脉被柔毛，近叶柄处尤密，侧脉 4 ~ 5 对，在两面均不凸起；叶柄长 2 ~ 3 毫米，被柔毛，或至少幼时被柔毛。

**花**：花序簇生于叶腋或小枝顶端，每腋内具 4 ~ 8 朵花；花梗长 2 ~ 5 毫米，无毛，稀略被柔毛；苞片宽卵形，先端锐尖，稍被柔毛，边缘具睫毛，通常早落；花芳香；花萼长 2 ~ 4 毫米，裂片与萼管几等长，具睫毛；花冠白色，花冠管长 6 ~ 10 毫米，径 1 ~ 2 毫米，裂片长 4 ~ 6 毫米；雄蕊着生于花冠管中部，花丝长约 1 毫米，花药长约 2 毫米，药隔延伸成一明显小尖头；雌蕊长 3 ~ 4 毫米，花柱长约 2.5 毫米，柱头明显 2 裂。

**果实和种子**：果椭圆状卵形，长 1 ~ 1.2 厘米，呈蓝黑色。

**花果期**：花期 4 ~ 5 月，果期 9 ~ 10 月。

# 云南丁香

*Syringa yunnanensis*

**木樨科** Oleaceae | **丁香属** *Syringa*

**植株**：灌木，通常高2~5米；枝直立，灰褐色，无毛，具皮孔，小枝红褐色，圆柱形或略呈四棱形，无毛，稀有被微柔毛，具白色皮孔。

**叶**：叶片椭圆形、椭圆状披针形或倒卵形至倒披针形，长2~8（~13）厘米，宽1~3.5（~5.5）厘米，先端锐尖或短渐尖，基部楔形或宽楔形，稀近圆形，叶缘具短睫毛或无毛，上面深绿色，下面粉绿色，无毛，稀仅沿叶脉略被微柔毛，有时具褐色斑点；叶柄长0.5~2厘米，无毛。

**花**：圆锥花序直立，由顶芽抽出，塔形，长5~18厘米，宽3~12厘米；花序轴、花梗均呈紫褐色，被微柔毛，花序轴具皮孔，花梗短，长0.5~1.5毫米；花萼无毛，长1~2.5毫米，截形或萼齿锐尖至圆钝；花冠白色、淡紫红色或淡粉红色，呈漏斗状，长0.7~1.2（~1.7）厘米；花冠管长0.5~0.8（~1.3）厘米，中部以上稍变粗；花冠裂片呈直角开展，长圆形，长2~3.5毫米，先端向内弯曲呈兜状而具喙；花药黄色，长1.8~3毫米，通常位于距花冠管喉部0~2毫米处，稀稍凸出。

**果实和种子**：果长圆柱形，长1.2~1.7厘米，先端锐尖而具小尖头或钝，稍被皮孔。

**花果期**：花期5~6月，果期9月。

# 白背枫

**玄参科** Scrophulariaceae | **醉鱼草属** *Buddleja* *Buddleja asiatica*

**植株**：直立灌木或小乔木，高 1 ~ 8 米；嫩枝条四棱形，老枝条圆柱形，幼枝、叶下面、叶柄和花序均密被灰色或淡黄色星状短绒毛，有时毛被极密而呈绵毛状。

**叶**：叶对生，叶片膜质至纸质，狭椭圆形、披针形或长披针形，长 6 ~ 30 厘米，宽 1 ~ 7 厘米，顶端渐尖或长渐尖，基部渐狭而成楔形，有时下延至叶柄基部，全缘或有小锯齿，上面绿色，干后黑褐色，通常无毛，稀有星状短柔毛，下面淡绿色，干后灰黄色；侧脉每边 10 ~ 14条，上面扁平，干后凹陷，下面凸起；叶柄长 2 ~ 15 毫米。

**花**：总状花序窄而长，由多个小聚伞花序组成，长 5 ~ 25 厘米，宽 0.7 ~ 2 厘米，单生或者 3 个至数个聚生于枝顶或上部叶腋内，再排列成圆锥花序；花梗长 0.2 ~ 2 毫米；小苞片线形，短于花萼；花萼钟状或圆筒状，长 1.5 ~ 4.5 毫米，外面被星状短柔毛或短绒毛，内面无毛，花萼裂片三角形，长为花萼之半；花冠芳香，白色，有时淡绿色；花冠管圆筒状，直立，长 3 ~ 6 毫米，外面近无毛或被稀疏星状毛，内面仅中部以上被短柔毛或绵毛；花冠裂片近圆形，长 1 ~ 1.7 毫米，宽 1 ~ 1.5 毫米，广展，外面几无毛；雄蕊着生于花冠管喉部，花丝极短，花药长圆形，基部心形，花粉粒长球状，具 3 沟孔；雌蕊长 2 ~ 3 毫米，无毛；子房卵形或长卵形，长 1 ~ 1.5 毫米，宽 0.8 ~ 1 毫米；花柱短，柱头头状，2 裂。

**果实和种子**：蒴果椭圆状，长 3 ~ 5 毫米，直径 1.5 ~ 3 毫米；种子灰褐色，椭圆形，长 0.8 ~ 1 毫米，宽 0.3 ~ 0.4 毫米，两端具短翅。

**花果期**：花期 1 ~ 10 月，果期 3 ~ 12 月。

# 大花醉鱼草

*Buddleja colivilei*

**玄参科** Scrophulariaceae | **醉鱼草属** *Buddleja*

**植株**：灌木或小乔木，高 2 ~ 6 米；枝条近圆柱形，幼时被锈色星状短绒毛和腺毛，老渐无毛或近无毛。

**叶**：叶对生，叶片纸质，长圆形或椭圆状披针形，长 7 ~ 16 厘米，宽 2 ~ 6 厘米，顶端渐尖，基部圆、宽楔形至楔形，有时下延至叶柄基部，边缘具有细锯齿，幼时被星状短绒毛，下面较密，老渐近无毛；侧脉每边 15 ~ 20 条，上面扁平，干后凹陷，下面凸起；叶柄较短或几无柄。

**花**：花较大，张开直径约 2 厘米，多朵组成腋上生和顶生的宽圆锥状聚伞花序，花序长 7 ~ 23 厘米，宽 4 ~ 6 厘米，被锈色星状柔毛；花序梗长 1 ~ 5 厘米；花梗短；苞片短小；小苞片线形，长 5 毫米；花萼钟状，长 6 ~ 8 毫米，宽 4 ~ 8 毫米，外面密被星状柔毛，内面无毛或有时有腺毛，花萼管长 4 ~ 5 毫米，花萼裂片卵状三角形，长和宽 1.5 ~ 3 毫米，全缘；花冠紫红色或深红色，长 2.3 ~ 3 厘米，花冠管圆筒状钟形，长 17 ~ 21 毫米，直径 6 ~ 8 毫米，喉部宽达 9 毫米，外面无毛，内面被柔毛，花冠裂片近圆形，长和宽 5 ~ 10 毫米，边缘浅波状；雄蕊着生于花冠管喉部，花丝短，花药长圆形，长 2.5 ~ 5 毫米，宽 1.3 ~ 2 毫米，顶端钝或突尖，基部心形；雌蕊长 18 ~ 22 毫米，子房卵形，约与花萼裂片等长，无毛或基部有时疏被星状毛，花柱丝状，柱头头状，2 裂，绿色。

**果实和种子**：蒴果椭圆状，长 10 ~ 16 毫米，直径 6 ~ 8 毫米，初时被星状毛，后变无毛，基部有宿存花萼；种子长圆形，长 1 ~ 1.5 毫米，无翅。

**花果期**：花期 6 ~ 9 月，果期 9 ~ 11 月。

# 皱叶醉鱼草

**玄参科** Scrophulariaceae | **醉鱼草属** *Buddleja*

*Buddleja crispa*

**植株**：灌木，高 1 ~ 3 米；幼枝近四棱形，老枝圆柱形；枝条、叶片两面、叶柄和花序均密被灰白色绒毛或短绒毛。

**叶**：叶对生，叶片厚纸质，卵形或卵状长圆形，在短枝上的为椭圆形或匙形，长 1.5 ~ 20 厘米，宽 1 ~ 8 厘米，顶端短渐尖至钝，基部宽楔形、截形或心形，边缘具波状锯齿，有时幼叶全缘；侧脉每边 9 ~ 11 条，均被星状绒毛覆盖；叶柄长 0.5 ~ 4 厘米，无翅至两侧具有被毛的长翅；叶柄间的托叶心形至半圆形，长 0.3 ~ 2 厘米，常被星状短绒毛。

**花**：圆锥状或穗状聚伞花序顶生或腋生；苞片和小苞片稀少，线状披针形，长达 4 毫米，被星状短绒毛；花梗极短；花萼外面和花冠外面均被星状短绒毛和腺毛；花萼钟状，长 3 ~ 5 毫米，内面无毛，花萼裂片卵形，长约 1.5 毫米，宽约 1 毫米；花冠高脚碟状，淡紫色，近喉部白色，芳香，花冠管长 9 ~ 12 毫米，外面毛被有时脱落，内面中部以上被星状毛，花冠裂片近圆形或阔倒卵形，长和宽 2.5 ~ 4 毫米，内面无毛而通常被有鳞片；雄蕊着生于花冠管内壁中部或稍上一些，花丝极短，花药长圆形，长 1.5 ~ 1.7 毫米，基部心形；子房卵形，长约 1.5 毫米，被星状柔毛；花柱长 1.5 ~ 2.5 毫米，基部被星状柔毛，柱头棍棒状，顶端浅 2 裂。

**果实和种子**：蒴果卵形，长 5 ~ 6 毫米，直径约 3 毫米，被星状毛，2 瓣裂，基部常有宿存花萼；种子卵状长圆形，长约 1 毫米，直径约 0.5 毫米，两端具短翅。

**花果期**：花期 2 ~ 8 月，果期 6 ~ 11 月。

# 紫花醉鱼草

*Buddleja fallowiana*

**玄参科** Scrophulariaceae | **醉鱼草属** *Buddleja*

**植株**：灌木，高1~5米；枝条圆柱形；枝条、叶片下面、叶柄、花序、苞片、花萼和花冠的外面均密被白色或黄白色星状绒毛及腺毛。

**叶**：叶对生，叶片纸质，窄卵形、披针形或卵状披针形，长5~14厘米，宽2~5厘米，顶端渐尖或急尖，基部圆、宽楔形或楔形，有时下延至叶柄基部，叶缘具细齿，齿端有尖凸尖，上面深绿色，幼时被疏星状毛，后变无毛；侧脉每边8~10条，上面扁平，干后稍凹陷，下面略凸起；叶柄长5~10毫米。

**花**：花芳香，多朵组成顶生的穗状聚伞花序；花序长5~15厘米，宽2~3厘米；花梗极短或几无梗；苞片线状披针形，长1~2.5厘米；小苞片线形，长约6毫米；花萼钟状，长3~4.5毫米，内面无毛，花萼裂片狭三角形，长1.5~2毫米，宽0.5~1毫米；花冠紫色，喉部橙色，长9~14毫米；花冠管长8~10毫米，内面除基部无毛外均被星状柔毛；花冠裂片卵形或近圆形，长2~4毫米，宽1.5~3毫米，边缘啮蚀状，内面和花冠管喉部密被小鳞片状腺体；雄蕊着生于花冠管内壁上部，花丝长0.5毫米，花药长圆形，长约1.5毫米，顶端不达花冠管喉部；子房卵形，长约2毫米，被星状毛；花柱长约1.5毫米，基部被星状毛，柱头棍棒状，长约1毫米。

**果实和种子**：蒴果长卵形，长6~9毫米，直径3~4毫米，被疏星状毛，基部有宿存花萼；种子长圆形，长0.5毫米，褐色，周围有翅，翅宽约0.5毫米。

**花果期**：花期5~10月，果期7~12月。

# 灰　楸

紫葳科 Bignoniaceae | 梓属 *Catalpa*

*Catalpa fargesii*

**植株**：乔木，高达 25 米；幼枝、花序、叶柄均有分枝毛。

**叶**：叶厚纸质，卵形或三角状心形，长 13 ~ 20 厘米，宽 10 ~ 13 厘米，顶端渐尖，基部截形或微心形；侧脉 4 ~ 5 对，基部有 3 出脉，叶幼时表面微有分枝毛，背面较密，以后变无毛；叶柄长 3 ~ 10 厘米。

**花**：顶生伞房状总状花序，有花 7 ~ 15 朵；花萼 2 裂，近基部，裂片卵圆形；花冠淡红色至淡紫色，内面具紫色斑点，钟状，长约 3.2 厘米；雄蕊 2 枚，内藏，退化雄蕊 3 枚，花丝着生于花冠基部，花药广歧，长 3 ~ 4 毫米；花柱丝形，细长，长约 2.5 厘米，柱头 2 裂；子房 2 室，胚珠多数。

**果实和种子**：蒴果细圆柱形，下垂，长 55 ~ 80 厘米；果爿革质，2 裂；种子椭圆状线形，薄膜质，两端具丝状种毛。

**花果期**：花期 3 ~ 5 月，果期 6 ~ 11 月。

# 梓

*Catalpa ovata*

紫葳科 Bignoniaceae | 梓属 *Catalpa*

**植株**：乔木，高达 15 米；树冠伞形，主干通直，嫩枝具稀疏柔毛。

**叶**：叶对生或近于对生，有时轮生，阔卵形，长宽近相等，长约 25 厘米，顶端渐尖，基部心形，全缘或浅波状，常 3 浅裂，叶片上面及下面均粗糙，微被柔毛或近于无毛；侧脉 4 ~ 6 对，基部掌状脉 5 ~ 7 条；叶柄长 6 ~ 18 厘米。

**花**：顶生圆锥花序；花序梗微被疏毛，长 12 ~ 28 厘米；花萼蕾时圆球形，2 唇开裂，长 6 ~ 8 毫米；花冠钟状，淡黄色，内面具 2 黄色条纹及紫色斑点，长约 2.5 厘米，直径约 2 厘米；能育雄蕊 2 枚，花丝插生于花冠筒上，花药叉开；退化雄蕊 3 枚；子房上位，棒状；花柱丝形，柱头 2 裂。

**果实和种子**：蒴果线形，下垂，长 20 ~ 30 厘米，粗 5 ~ 7 毫米；种子长椭圆形，长 6 ~ 8 毫米，宽约 3 毫米，两端具有平展的长毛。

**花果期**：花期 6 ~ 7 月，果期 8 ~ 10 月。

# 臭牡丹

*Clerodendrum bungei*

**唇形科** Lamiaceae | **大青属** *Clerodendrum*

**植株**：灌木，高 1 ~ 2 米，植株有臭味；花序轴、叶柄密被褐色、黄褐色或紫色脱落性的柔毛；小枝近圆形，皮孔显著。

**叶**：叶片纸质，宽卵形或卵形，长 8 ~ 20 厘米，宽 5 ~ 15 厘米，顶端尖或渐尖，基部宽楔形、截形或心形，边缘具粗或细锯齿；侧脉 4 ~ 6 对，表面散生短柔毛，背面疏生短柔毛和散生腺点或无毛，基部脉腋有数个盘状腺体；叶柄长 4 ~ 17 厘米。

**花**：伞房状聚伞花序顶生，密集；苞片叶状披针形或卵状披针形，长约 3 厘米，早落或花时不落，早落后在花序梗上残留凸起的痕迹；小苞片披针形，长约 1.8 厘米；花萼钟状，长 2 ~ 6 毫米，被短柔毛及少数盘状腺体；萼齿三角形或狭三角形，长 1 ~ 3 毫米；花冠淡红色、红色或紫红色；花冠管长 2 ~ 3 厘米，裂片倒卵形，长 5 ~ 8 毫米；雄蕊及花柱均突出花冠外；花柱短于、等于或稍长于雄蕊；柱头 2 裂，子房 4 室。

**果实和种子**：核果近球形，径 0.6 ~ 1.2 厘米，成熟时蓝黑色。

**花果期**：花果期 5 ~ 11 月。

## 滇常山

*Clerodendrum yunnanense* var. *yunnanense*

**唇形科** Lamiaceae | **大青属** *Clerodendrum*

**植株**：灌木，高 1 ~ 3 米；植株有臭味；幼枝、花序、幼叶及叶柄都密被黄褐色绒毛；老枝毛渐脱落，褐色，皮孔显著。

**叶**：叶片纸质，宽卵形、卵形或心形，长 4 ~ 14 厘米，宽 3 ~ 10 厘米，顶端尖或渐尖，基部宽楔形、圆形或心形，全缘或有不规则疏齿，表面被糙毛，背面密生淡黄色或黄褐色短柔毛，沿脉更密；侧脉 4 ~ 5 对，基部脉腋有数个盘状腺体；叶柄长 1.5 ~ 6 厘米。

**花**：伞房状聚伞花序顶生，密集；苞片卵状椭圆形，长 2 ~ 3.5 厘米，早落，小苞片线形，长 1 ~ 2.2 厘米；花萼钟状，长 6 ~ 9 毫米，被绒毛和少数腺体，萼裂片短，三角形，长约 2 毫米；花冠白色或粉红色，花冠管短，藏于花萼内，偶见稍伸出，裂片长圆形或卵圆形，长 4 ~ 7 毫米；雄蕊与花柱同伸出花冠外，花柱长于花丝，柱头 2 裂。

**果实和种子**：核果近球形，径约 7 毫米，成熟时蓝黑色，大部分为增大宿萼所包。

**花果期**：花果期 4 ~ 10 月。

# 鸡骨柴

**唇形科** Lamiaceae | **香薷属** *Elsholtzia*

*Elsholtzia fruticosa*

**植株**：直立灌木，高0.8～2米，多分枝；茎、枝钝四棱形，具浅槽，黄褐色或紫褐色，老时皮层剥落，变无毛，幼时被白色蜷曲疏柔毛。

**叶**：叶披针形或椭圆状披针形，通常长6～13厘米，宽2～3.5厘米，先端渐尖，基部狭楔形，边缘在基部以上具粗锯齿，近基部全缘；上面榄绿色，被糙伏毛，下面淡绿色，被弯曲的短柔毛，两面密布黄色腺点；侧脉约6～8对，与中脉在上面凹陷，下面明显隆起，平行细脉在下面清晰可见；叶柄极短或近于无。

**花**：穗状花序圆柱状，长6～20厘米，花时径达1.3厘米，顶生或腋生，由具短梗多花的轮伞花序所组成，位于穗状花序下部2～3个轮伞花序稍疏离而多少间断，上部者均聚集而连续；苞叶位于穗状花序下部者多少叶状，超过轮伞花序，向上渐呈苞片状，披针形至狭披针形或钻形，均较轮伞花序短；花梗长0.5～2毫米，与总梗、序轴密被短柔毛；花萼钟形，长约1.5毫米，外面被灰色短柔毛，萼齿5枚，三角状钻形，长约0.5毫米，近相等；果时花萼圆筒状，长约3毫米，宽约1毫米，脉纹明显；花冠白色至淡黄色，长约5毫米，外面被蜷曲柔毛，间夹有金黄色腺点，内面近基部具不明显斜向毛环；花冠筒长约4毫米，基部宽约1毫米，至喉部宽达2毫米；花冠檐二唇形，上唇直立，长约0.5毫米，先端微缺，边缘具长柔毛，下唇开展，3裂，中裂片圆形，长约1毫米，侧裂片半圆形。雄蕊4枚，前对较长，伸出，花丝丝状，无毛，花药卵圆形，2室；花柱超出或短于雄蕊，但均伸出花冠，先端近相等2深裂，裂片线形，外卷。

**果实和种子**：小坚果长圆形，长1.5毫米，径0.5毫米，腹面具棱，顶端钝，褐色，无毛。

**花果期**：花期7～9月，果期10～11月。

# 小叶石梓

*Gmelina delavayana*

**唇形科** Lamiaceae | **石梓属** *Gmelina*

**植株**：灌木或亚灌木，高0.3~3米；小枝圆柱形，纤细，有条纹，并有稀疏小皮孔，初被微柔毛，后脱落。

**叶**：叶对生，广卵形或卵状菱形，长1.5~2.5（~5）厘米，宽1.2~2.2（~3.5）厘米，顶端渐尖，并具小尖头，基部楔形或宽楔形，略偏斜，全缘或在中部以下有1~2个粗齿；表面无毛，背面密被灰白色腺点；侧脉3~4对；叶柄长0.3~0.8厘米，有沟纵。

**花**：聚伞花序1~3（~7）朵组成侧生或顶生的圆锥花序式，花序顶端的叶常变为苞片状；花大，深紫色，长3~4厘米；花柄短，近顶端有1对披针形小苞片，均被微柔毛；花萼钟状，长0.6~0.8厘米，具灰白色腺点和少数黑色盘状腺点，有5齿，裂齿卵状三角形，顶端钝圆，花冠二唇形，上唇短，全缘或2浅裂，下唇3裂，中裂片长而大，呈盔状，两面均疏生腺点，在花蕾期腺点黄色且有脱落性微腺毛，花冠管漏斗状；雄蕊4枚，二强，长雄蕊稍外露，花药叉开，花丝疏生腺点；花柱短于长雄蕊，稍长于短雄蕊，无毛，顶端不等2裂；子房无毛，疏生腺点。

**果实和种子**：核果倒卵圆形，长1~1.5厘米，中果皮肉质，干后黑色，皱缩，着生于增大的碗状宿萼上，宿萼1/4包被果实。

**花果期**：花期5~7月，果期7~9月。

# 滇牡荆

**唇形科** Lamiaceae | **牡荆属** *Vitex*

*Vitex yunnanensis*

**植株**：灌木或小乔木，高 1 ~ 5 米；小枝四棱形，密被绒毛和黄色腺点，老枝近无毛。

**叶**：掌状复叶，叶柄长 1 ~ 6 厘米，被黄褐色绒毛，小叶 3 ~ 5 枚；小叶片卵形，卵状长圆形以至椭圆状披针形，顶端钝、短尖或渐尖，基部宽楔形或近圆形，全缘，边缘有纤毛；表面深绿色，沿叶脉被短柔毛及分散的黄色腺点，背面淡绿色或淡黄色，沿主脉及侧脉被白色长柔毛和黄色腺点；中间的小叶片长 2 ~ 7.5 厘米，宽 1 ~ 3 厘米，小叶柄长 0.7 ~ 1.5 厘米；两侧的小叶片较小，小叶柄长 2 ~ 4 毫米。

**花**：聚伞花序腋生，常由花 3 ~ 7 朵组成；花序梗短，有短柔毛和腺点；花萼钟状，长约 3 毫米，顶端 5 浅裂，裂齿宽三角形，外面有疏柔毛和腺点；花冠长约为花萼的 2 ~ 3 倍，外面有毛和腺点，内面在花丝着生处有白色柔毛；雄蕊 4 枚，稍外露，花丝基部有毛；花柱和子房无毛。

**果实和种子**：核果球形，下面托有圆盘状的宿存萼。

**花果期**：花果期 5 ~ 11 月。

# 毛泡桐

*Paulownia tomentosa*

**泡桐科** Paulowniaceae | **泡桐属** *Paulownia*

**植株**：乔木高达 20 米，树冠宽大伞形；树皮褐灰色；小枝有明显皮孔，幼时常具黏质短腺毛。

**叶**：叶片心脏形，长达 40 厘米，顶端锐尖头，全缘或波状浅裂；上面毛稀疏，下面毛密或较疏；老叶下面的灰褐色树枝状毛常具柄和 3～12 条细长丝状分枝，新枝上的叶较大，其毛常不分枝，有时具黏质腺毛；叶柄常有黏质短腺毛。

**花**：花序枝的侧枝不发达，长约中央主枝之半或稍短，故花序为金字塔形或狭圆锥形，长一般在 50 厘米以下，少有更长；小聚伞花序的总花梗长 1～2 厘米，几与花梗等长，具花 3～5 朵；萼浅钟形，长约 1.5 厘米，外面绒毛不脱落，分裂至中部或裂过中部；萼齿卵状长圆形，在花中锐头或稍钝头至果中钝头；花冠紫色，漏斗状钟形，长 5～7.5 厘米，在离管基部约 5 毫米处弓曲，向上突然膨大，外面有腺毛，内面几无毛，檐部 2 唇形，直径约小于 5 厘米；雄蕊长达 2.5 厘米；子房卵圆形，有腺毛；花柱短于雄蕊。

**果实和种子**：蒴果卵圆形，幼时密生黏质腺毛，长 3～4.5 厘米，宿萼不反卷，果皮厚约 1 毫米；种子连翅长约 2.5～4 毫米。

**花果期**：花期 4～5 月，果期 8～9 月。

# 来江藤

列当科 Orobanchaceae | 来江藤属 *Brandisia*

*Brandisia hancei*

**植株**：灌木高 2 ~ 3 米，全体密被锈黄色星状绒毛，枝及叶上面逐渐变无毛。

**叶**：叶片卵状披针形，长 3 ~ 10 厘米，宽达 3.5 厘米，顶端锐尖头，基部近心脏形，稀圆形，全缘，很少具锯齿；叶柄短，长者达 5 毫米，有锈色绒毛。

**花**：花单生于叶腋，花梗长达 1 厘米，中上部有 1 对披针形小苞片，均有毛；萼宽钟形，长宽均约 1 厘米，外面密生锈黄色星状绒毛，内面密生绢毛，具脉 10 条，5 裂至 1/3 处；萼齿宽短，宽过于长或几相等，宽卵形至三角状卵形，顶端凸突或短锐头，齿间的缺刻底部尖锐；花冠橙红色，长约 2 厘米，外面有星状绒毛，上唇宽大，2 裂，裂片三角形，下唇较上唇低 4 ~ 5 毫米，3 裂，裂片舌状；雄蕊约与上唇等长；子房卵圆形，与花柱均被星毛。

**果实和种子**：蒴果卵圆形，略扁平，有短喙，具星状毛。

**花果期**：花期 11 月至翌年 2 月，果期 3 ~ 4 月。

# 青荚叶

*Helwingia japonica*

**青荚叶科** Helwingiaceae | **青荚叶属** *Helwingia*

**植株**：落叶灌木，高 1 ~ 2 米；幼枝绿色，无毛，叶痕显著。

**叶**：叶纸质，卵形、卵圆形，稀椭圆形，长 3.5 ~ 9（~ 18）厘米，宽 2 ~ 6（~ 8.5）厘米，先端渐尖，极稀尾状渐尖，基部阔楔形或近于圆形，边缘具刺状细锯齿；叶上面亮绿色，下面淡绿色；中脉及侧脉在上面微凹陷，下面微突出；叶柄长 1 ~ 5（~ 6）厘米；托叶线状分裂。

**花**：花淡绿色，3 ~ 5 数，花萼小，花瓣长 1 ~ 2 毫米，镊合状排列；雄花 4 ~ 12 朵，呈伞形或密伞花序，常着生于叶上面中脉的 1/2 ~ 1/3 处，稀着生于幼枝上部；花梗长 1 ~ 2.5 毫米；雄蕊 3 ~ 5 枚，生于花盘内侧；雌花 1 ~ 3 朵，着生于叶上面中脉的 1/2 ~ 1/3 处，花梗长 1 ~ 5 毫米；子房卵圆形或球形，柱头 3 ~ 5 裂。

**果实和种子**：浆果幼时绿色，成熟后黑色，分核 3 ~ 5 枚。

**花果期**：花期 4 ~ 5 月，果期 8 ~ 9 月。

# 陷脉冬青

**冬青科** Aquifoliaceae | **冬青属** *Ilex*

*Ilex delavayi*

**植株**：常绿灌木或乔木，高1～9米，全株无毛；小枝圆柱形，灰色，具纵棱，棱上具小瘤，叶痕平展，三角状椭圆形，无皮孔；顶芽圆锥形，无毛，在开花时展开。

**叶**：叶生于一年生到二年生枝上，叶片近革质，椭圆状披针形或倒卵状椭圆形，长（2.5～）4～5（～7）厘米，宽1～2（～2.2）厘米，先端钝或急尖，基部楔形或急尖，边缘具细圆齿状锯齿；叶面绿色，背面淡绿色，两面无毛；主脉在叶面凹陷，背面隆起，侧脉5～7对，与网状脉在叶面凹陷，背面凸起，于叶缘附近网结；叶柄长（5～）10～15毫米，上面具浅槽，背面具皱纹，上部具叶片下延的狭翅。

**花**：花序簇生于二年生枝叶腋内，花淡绿色，4基数。雄花通常呈现为假伞形花序，多少具柄；总花梗长3.5毫米，苞片卵形，急尖，无毛；单个分枝具花1～3朵，聚伞状；总花梗长约1毫米，花梗长1～2毫米，近基部具2枚小苞片；花萼盘状，直径约2毫米，4深裂，裂片卵状三角形，长约1毫米，基部宽约1.25毫米，钝或急尖，无毛及缘毛；花冠直径约5毫米，花瓣4枚，倒卵形，长约2毫米，宽约2毫米，基部稍合生；雄蕊短于花瓣，花药卵圆形；退化子房球形，顶端圆形。雌花花序簇生，具花2～5朵，花梗长2～4毫米；花萼像雄花，花瓣分离，卵形，长约2毫米；退化雄蕊长为花瓣的1/2，败育花药心形；子房卵球形，长约2毫米，直径约1.5毫米，顶端截形，柱头盘状。

**果实和种子**：果实球形，直径约5毫米，成熟时红色，宿存柱头厚盘状，4浅裂；宿存花萼四角形，平展，直径2～2.5毫米；分核4枚，长圆体形，长3.5～4.5毫米，背部宽2～2.5毫米，背面凸起或略平，具掌状条纹和槽，侧面具皱的棱沟，内果皮木质。

**花果期**：花期5～6月，果期8～11月。

# 双核枸骨

*Ilex dipyrena*

**冬青科** Aquifoliaceae | **冬青属** *Ilex*

**植株**：常绿乔木，高 15（~25）米；树皮灰黑色，浅纵裂；幼枝具棱，被微柔毛或近无毛，老枝粗壮，灰黄色，光滑或具小的纵裂缝，皮孔无或不明显，叶痕半圆形，不凸起。

**叶**：叶片厚革质，椭圆状长圆形、椭圆形或卵状椭圆形，稀卵形，长 4~10 厘米，宽 2~4厘米，先端短渐尖至渐尖，渐尖头具锐尖的刺，基部阔楔形至近圆形，边缘全缘或近全缘而具刺齿 3~14 枚；叶面深绿色，光亮，背面淡绿色，两面无毛；主脉在叶面凹陷，被微柔毛或变无毛，在背面隆起，侧脉 6~9 对，在叶面微凹，在背面凸起，网状脉不明显；叶柄长 3~6 毫米，上面具浅槽，被微柔毛，背面具皱纹；托叶宽三角形，宿存。

**花**：花序簇生于二年生枝的叶腋内，每个分枝具单花；花序基部具卵状披针形苞片，外面者先端骤尖，内面者钝，均具缘毛；花淡绿色，4 基数。雄花花梗长 2~3 毫米，疏被微柔毛或近无毛，基部具 2 枚披针形小苞片，长约 1.5 毫米；花萼盘状，直径约 3 毫米，深裂，裂片卵状三角形，急尖或钝，疏具缘毛；花冠辐状，直径 7 毫米；花瓣卵形，长约 3 毫米，具缘毛，基部稍联合；雄蕊 4 枚，较花瓣长，与花瓣互生；花药长圆状卵形，长约 0.75 毫米；败育子房卵状球形，直径约 1.5 毫米，先端钝或近平截。雌花花梗长 1~3 毫米，疏被微柔毛或近无毛；花萼与花冠同雄花；退化雄蕊略短于花瓣，不育花药箭头形或近心形；子房卵球形，柱头盘状，稍浅裂。

**果实和种子**：果实球形，直径 7~9 毫米，幼时绿色，成熟后红色，基部具宿存的平展四角形花萼，顶端具盘状宿存柱头，2~4 浅裂；分核 1~4 枚，通常 2 枚，当 2 枚时，轮廓为长圆状椭圆形或近圆形，长 5~7 毫米，背部宽约 5 毫米，且具掌状纵条纹和沟，腹面也具条纹和沟，若为 4 枚，其轮廓为长圆形，背部宽约 3.5 毫米，内果皮木质。

**花果期**：花期 4~7 月，果期 10~12 月。

# 云南冬青

*Ilex yunnanensis*

**冬青科** Aquifoliaceae | **冬青属** *Ilex*

**植株：**常绿灌木或乔木，高1～12米；幼枝圆柱形，具纵棱槽，密被金黄色柔毛，二年生至三年生枝密被锈色短柔毛，无皮孔，具近圆形突起的叶痕。

**叶：**叶生于一年生至三年生枝上，叶片革质至薄革质，卵形，卵状披针形，或稀椭圆形，长2～4厘米，宽1～2.5厘米，先端急尖，具短尖头，基部圆形或钝，边缘具细圆齿状锯齿，齿尖常为芒状小尖头；叶面绿色，干后黑褐色至褐色，背面淡绿色，干后淡褐色，两面无毛；主脉在叶面凸起，密被短柔毛，背面平坦或凸起，无毛，侧脉两面不明显；叶柄长2～6毫米，密被短柔毛。

**花：**雄花为1～3朵的聚伞花序，生于当年生枝的叶腋内或基部的鳞片腋内，被短柔毛或近无毛；总花梗长8～14毫米，花梗长2～4毫米；花4基数，白色，生于高海拔地区者花粉红色或红色；花萼盘状，小，直径约2毫米，4深裂，裂片三角形，钝或急尖，具缘毛或无；花瓣卵形，长约2毫米，宽约1.5毫米，先端钝，基部稍合生；雄蕊短于花瓣，花药卵状球形；退化子房圆锥形，顶端钝。雌花单花生于当年生枝的叶腋内，罕为2或3朵组成腋生聚伞花序；花梗长3～14毫米，中部以上具1～2枚小苞片；花被同雄花；退化雄蕊长为花瓣的1/2，败育花药箭头状；子房球形，直径约1毫米，具4条纵沟；花柱明显，长约0.5毫米；柱头盘状，4裂。

**果实和种子：**果球形，直径5～6毫米，成熟后红色；果梗长5～15毫米，无毛；宿存花萼平展，四角形，具缘毛或无；宿存柱头隆起，盘状；分核4枚，长椭圆形，长约5毫米，背部宽约3毫米，横切面近三角形，平滑，无条纹及沟槽，内果皮革质。

**花果期：**花期5～6月，果期8～10月。

## 栌菊木

*Nouelia insignis*

**菊科** Asteraceae | **栌菊木属** *Nouelia*

**植株**：灌木或小乔木，高 3 ~ 4 米；枝粗壮，常扭转，幼时有条纹，上部厚被绒毛。

**叶**：叶片厚纸质，长圆形或近椭圆形，长 8 ~ 19 厘米，宽 3.5 ~ 8 厘米，顶端短尖或钝而中脉延伸成 1 短硬尖头，基部钝、圆，边全缘或有疏离的胼胝体状小齿；上面无毛，下面薄被灰白色绒毛；中脉在上面平坦，在下面极凸起高达 2 毫米；侧脉 7 ~ 8 对，弧形上升，离缘弯拱连接，网脉极明显；叶柄长 2 ~ 3 厘米，被绒毛。

**花**：头状花序直立，单生，无梗，舌片展开时直径可达 5 厘米；总苞钟形，基部圆，直径 20 ~ 25 毫米；总苞片约 7 层，背面被黄褐色绒毛，外层短，卵状三角形，长和宽近相等，约4 ~ 5毫米，顶端短尖，中层长圆形，长约 15 毫米，宽 4 ~ 5 毫米，顶端略尖，最内层狭，披针形或线形，长 20 ~ 25 毫米，宽 1 ~ 2 毫米，顶端渐尖；花托凹陷，直径 5 ~ 8 毫米，无毛，窝孔周围有网纹状凸起。花全部为两性花，白色；缘花花冠二唇形，外唇舌状，舌片开展，长圆形，长约 15 毫米，顶端具 3 齿或 3 裂，内唇 2 裂，线形，外卷，花冠管与舌片近等长；盘花花冠管状或不明显二唇形，檐部 5 裂，裂片短于花冠管，长约 8 毫米，外卷；花药尾部长约 2 毫米，内侧被毛；花柱分枝扁，顶端圆。

**果实和种子**：瘦果圆柱形，长 12 ~ 14 毫米，有纵棱，被倒伏的绢毛；冠毛 1 层，微白色或黄白色，刚毛状，长约 15 毫米。

**花果期**：花期 3 ~ 4 月，果期 9 ~ 10 月。

# 蓝黑果荚蒾

**五福花科** Adoxaceae | **荚蒾属** *Viburnum*

*Viburnum atrocyaneum*

**植株**：常绿灌木，高可达3米；幼枝初时带紫色，后变浅灰黄色，连同冬芽和花序初时略被簇状微毛或近无毛。

**叶**：叶革质，宽卵形、卵形至卵状披针形或菱状椭圆形，长3~6（~10）厘米，顶端钝而有微凸尖，稀锐尖或微凹入，基部宽楔形，两侧常稍不对称，边缘常疏生不规则小尖齿，稀全缘；上面深绿色有光泽，下面苍白绿色；侧脉5~8对，羽状，近缘前互相网结，上面凹陷，下面不明显；叶柄长6~12毫米，连同叶下面中脉干后都带黄色。

**花**：聚伞花序直径2~4厘米，果时可达8厘米；总花梗长0.6~2厘米，果期可达6厘米，第1级辐射枝5~7条，花通常生于第2级辐射枝上，有长2~3毫米的花梗；萼筒倒圆锥形，长约1毫米，萼齿宽三角形，长约为萼筒之半，宽过于长；花冠白色，辐状，直径约5毫米，裂片卵圆形，长约1.5毫米，略长于筒；雄蕊稍短于花冠，花药卵圆形。

**果实和种子**：果实成熟时蓝黑色，卵圆形或圆形，长5~6毫米，有1浅而窄的腹沟。

**花果期**：花期6月，果期9月。

## 桦叶荚蒾

*Viburnum betulifolium*

**五福花科** Adoxaceae | **荚蒾属** *Viburnum*

**植株**：落叶灌木或小乔木，高可达 7 米；小枝紫褐色或黑褐色，稍有棱角，散生圆形、凸起的浅色小皮孔，无毛或初时稍有毛；冬芽外面多少有毛。

**叶**：叶厚纸质或略带革质，干后变黑色，宽卵形至菱状卵形或宽倒卵形，稀椭圆状矩圆形，长 3.5～8.5（～12）厘米，顶端急短渐尖至渐尖，基部宽楔形至圆形，稀截形，边缘离基部 1/3～1/2 以上具开展的不规则浅波状牙齿；上面无毛或仅中脉有时被少数短毛，下面中脉及侧脉被少数短伏毛，脉腋集聚簇状毛，侧脉 5～7 对；叶柄纤细，长 1～2（～3.5）厘米，疏生简单长毛或无毛，近基部常有 1 对钻形小托叶。

**花**：复伞形式聚伞花序顶生或生于具 1 对叶的侧生短枝上，直径 5～12 厘米，通常多少被疏或密的黄褐色簇状短毛；总花梗初时通常长不到 1 厘米，果时可达 3.5 厘米，第 1 级辐射枝通常 7 条，花生于第（3～）4（～5）级辐射枝上；萼筒有黄褐色腺点，疏被簇状短毛，萼齿小，宽卵状三角形，顶钝，有缘毛；花冠白色，辐状，直径约 4 毫米，无毛，裂片圆卵形，比筒长；雄蕊常高出花冠，花药宽椭圆形；柱头高出萼齿。

**果实和种子**：果实红色，近圆形，长约 6 毫米；核扁，长 3.5～5 毫米，直径 3～4 毫米，顶尖，有 1～3 条浅腹沟和 2 条深背沟。

**花果期**：花期 6～7 月，果期 9～10 月。

# 水红木

**五福花科** Adoxaceae | **荚蒾属** *Viburnum*

*Viburnum cylindricum*

**植株**：常绿灌木或小乔木，高达8（~15）米；枝带红色或灰褐色，散生小皮孔，小枝无毛或初时被簇状短毛；冬芽有1对鳞片。

**叶**：叶革质，椭圆形至矩圆形或卵状矩圆形，长8~16（~24）厘米，顶端渐尖或急渐尖，基部渐狭至圆形，全缘或中上部疏生少数钝或尖的不整齐浅齿，通常无毛，下面散生带红色或黄色微小腺点（有时扁化而类似鳞片），近基部两侧各有1个至数个腺体，侧脉3~5（~18）对，弧形；叶柄长1~3.5（~5）厘米，无毛或被簇状短毛。

**花**：聚伞花序伞形式，顶圆形，直径4~10（~18）厘米，无毛或散生簇状微毛，连同萼和花冠有时被微细鳞腺；总花梗长1~6厘米，第1级辐射枝通常7条，苞片和小苞片早落，花通常生于第3级辐射枝上；萼筒卵圆形或倒圆锥形，长约1.5毫米，有微小腺点，萼齿极小而不显著；花冠白色或有红晕，钟状，长4~6毫米，有微细鳞腺，裂片圆卵形，直立，长约1毫米；雄蕊高出花冠约3毫米，花药紫色，矩圆形，长1~1.8毫米。

**果实和种子**：果实先红色后变蓝黑色，卵圆形，长约5毫米；核卵圆形，扁，长约4毫米；直径3.5~4毫米，有1条浅腹沟和2条浅背沟。

**花果期**：花期6~10月，果期10~12月。

# 红荚蒾

*Viburnum erubescens*

**五福花科** Adoxaceae | **荚蒾属** *Viburnum*

**植株**：落叶灌木或小乔木，高达 6 米；当年小枝被簇状毛至无毛；冬芽有 1 对鳞片。

**叶**：叶纸质，椭圆形、矩圆状披针形至狭矩圆形，稀卵状心形或略带倒卵形，长 6 ~ 11 厘米，顶端渐尖、急尖至钝形，基部楔形、钝形至圆形或心形，边缘基部除外具细锐锯齿；上面无毛或中脉有细短毛，下面中脉和侧脉被簇状毛，稀全面有毛；侧脉 4 ~ 6 对，大部分直达齿端，连同中脉上面略凹陷，下面凸起；叶柄长 1 ~ 2.5 厘米，被簇状毛或无毛。

**花**：圆锥花序生于具 1 对叶的短枝之顶，长（5 ~ ）7.5 ~ 10 厘米，通常下垂，被簇状短毛或近无毛，有时毛密而呈绒状；总花梗长 2 ~ 6 厘米，花无梗或有短梗，生于序轴的第 1 至第 3 级分枝上；萼筒筒状，长 2.5 ~ 3 毫米，通常无毛，有时具红褐色微腺，萼齿卵状三角形，长约 1 毫米，顶钝，无毛或被簇状微毛；花冠白色或淡红色，高脚碟状，筒长 5 ~ 6 毫米，裂片开展，长 2 ~ 3 毫米，顶端圆；雄蕊生于花冠筒顶端，花丝极短，花药黄白色，微外露；花柱高出萼齿。

**果实和种子**：果实紫红色，后转黑色，椭圆形；核倒卵圆形，扁，长约 7 ~ 9 毫米，直径 4 ~ 5 毫米，有 1 条宽广深腹沟，腹面上半部有 1 条隆起的脊。

**花果期**：花期 4 ~ 6 月，果期 8 月。

# 甘肃荚蒾

**五福花科** Adoxaceae | **荚蒾属** *Viburnum*

*Viburnum kansuense*

**植株**：落叶灌木，高达 3 米；当年小枝略带四角状，二年生小枝灰色或灰褐色，近圆柱形，散生皮孔；冬芽具 2 对分离的鳞片。

**叶**：叶纸质，轮廓宽卵形至矩圆状卵形或倒卵形，长 3～5（～8）厘米，中 3 裂至深 3 裂或左右二裂片再 2 裂，掌状 3～5 出脉，基部截形至近心形或宽楔形，中裂最大，顶端渐尖或锐尖，各裂片均具不规则粗牙齿，齿顶微突尖；上面全面或仅脉上疏被簇状短伏毛，下面脉上被长伏毛，脉腋密生簇状短柔毛；叶柄紫红色，长 1～2.5（～4.5）厘米，无毛，基部常有 2 枚钻形托叶。

**花**：复伞形式聚伞花序直径 2～4 厘米，不具大型的不孕花，被微毛；总花梗长 2.5～3.5 厘米，第 1 级辐射枝 5～7 条，花生于第 2 至第 3 级辐射枝上；萼筒紫红色，无毛，萼檐浅杯状，有三角状卵形的小齿或有时齿不明显；花冠淡红色，辐状，直径约 6 毫米，裂片近圆形，基部狭窄，长宽各约 2.5 毫米，稍长于筒，边缘稍啮蚀状；雄蕊略长于花冠，花药红褐色，圆形，直径约 0.8 毫米；柱头 2 裂。

**果实和种子**：果实红色，椭圆形或近圆形，长 8～10（～12）毫米，直径 7～8 毫米；核扁，椭圆形，长 7～9 毫米，直径约 5 毫米，有 2 条浅背沟和 3 条浅腹沟。

**花果期**：花期 6～7 月，果期 9～10 月。

# 南方六道木

*Abelia dielsii*

**忍冬科** Caprifoliaceae | **糯米条属** *Abelia*

**植株**：落叶灌木，高 2 ~ 3 米；当年小枝红褐色，老枝灰白色。

**叶**：叶长卵形、矩圆形、倒卵形、椭圆形至披针形，变化幅度很大，长 3 ~ 8 厘米，宽 0.5 ~ 3 厘米，嫩时上面散生柔毛，下面除叶脉基部被白色粗硬毛外，光滑无毛，顶端尖或长渐尖，基部楔形、宽楔形或钝，全缘或有 1 ~ 6 对齿牙，具缘毛；叶柄长 4 ~ 7 毫米，基部膨大，散生硬毛。

**花**：花 2 朵生于侧枝顶部叶腋；总花梗长 1.2 厘米，花梗极短或几无；苞片 3 枚，形小而有纤毛，中央 1 枚长 6 毫米，侧生者长 1 毫米；萼筒长约 8 毫米，散生硬毛，萼檐 4 裂，裂片卵状披针形或倒卵形，顶端钝圆，基部楔形；花冠白色，后变浅黄色，4 裂，裂片圆，长约为筒的 1/3 ~ 1/5，筒内有短柔毛；雄蕊 4 枚，2 强，内藏，花丝短；花柱细长，与花冠等长，柱头头状，不伸出花冠筒外。

**果实和种子**：果实长 1 ~ 1.5 厘米；种子柱状。

**花果期**：花期 4 月下旬 ~ 6 月上旬，果期 8 ~ 9 月。

# 云南双盾木

**忍冬科** Caprifoliaceae | **双盾木属** *Dipelta*

*Dipelta yunnanensis*

**植株**：落叶灌木，高达4米；幼枝被柔毛；冬芽具3～4对鳞片。

**叶**：叶椭圆形至宽披针形，长5～10厘米，宽2～4厘米，顶端渐尖至长渐尖，基部钝圆至近圆形，全缘或稀具疏浅齿；上面疏生微柔毛，主脉下陷，下面沿脉被白色长柔毛，边缘具睫毛；叶柄长约5毫米。

**花**：伞房状聚伞花序生于短枝顶部叶腋；小苞片2对，1对较小，卵形，不等形，另1对较大，肾形；萼檐膜质，被柔毛，裂至2/3处，萼齿钻状条形，不等长，长约4～5毫米；花冠白色至粉红色，钟形，长2～4厘米，基部一侧有浅囊，二唇形，喉部具柔毛及黄色块状斑纹；花丝无毛；花柱较雄蕊长，不伸出。

**果实和种子**：果实圆卵形，被柔毛，顶端狭长，2对宿存的小苞片明显增大，其中1对网脉明显，肾形，以其弯曲部分贴生于果实，长2.5～3厘米，宽1.5～2厘米；种子扁，内面平，外面延生成脊。

**花果期**：花期5～6月，果期5～11月。

# 鬼吹箫

*Leycesteria formosa*

忍冬科 Caprifoliaceae | 鬼吹箫属 *Leycesteria*

**植株**：灌木，高1～2（～3）米，全体常被或疏或密的暗红色短腺毛；小枝、叶柄、花序梗、苞片和萼齿均被弯伏短柔毛。

**叶**：叶纸质，卵状披针形、卵状矩圆形至卵形，长（4～）6～12（～13）厘米，先端长尾尖、渐尖或短尖，基部圆形至近心形或阔楔形，边常全缘，有时波状或具疏齿或有不整齐浅缺刻；上面被短糙毛，中脉毛较密，下面疏生弯伏短柔毛或近无毛；叶柄长5～12（～15）毫米。

**花**：穗状花序顶生或腋生，每节具花6朵，具3朵花的聚伞花序对生，中央1花无柄，侧生2花具极短的柄，总花梗长（8～）10～25（～30）毫米；苞片叶状，绿色、带紫色或紫红色，每轮6枚，最下面1对较大，阔卵形、卵形至披针形，长达2（～3.5）厘米，先端短尖至尾尖；小苞片极小，长不足1毫米；萼筒矩圆形，长3～4毫米，密生糙毛和短腺毛，萼檐深5裂，裂片圆卵形、披针形至条状披针形，长1～3（～5）毫米，常2长3短；花冠白色或粉红色，有时带紫红色，漏斗状，长（1.2～）1.4～1.8厘米，外面被短柔毛，裂片圆卵形，长5毫米左右，筒外面基部具5个膨大成近圆形的囊肿，囊内密生淡黄褐色蜜腺；雄蕊约与花冠等长，花药矩圆形；花柱稍伸出花冠，柱头盾状；子房5室。

**果实和种子**：果实由红色变黑紫色，卵圆形或近圆形，直径5～7毫米，具宿存萼齿；种子微小，多数，淡棕褐色，广椭圆形至矩圆形，稍扁平，长1.2～1.5毫米。

**花果期**：花期（5～）6～9（～10）月，果期（8～）9～10月。

## 刚毛忍冬

**忍冬科** Caprifoliaceae | **忍冬属** *Lonicera*

*Lonicera hispida*

**植株**：落叶灌木，高达 2（~3）米；幼枝常带紫红色，连同叶柄和总花梗均具刚毛或兼具微糙毛和腺毛，很少无毛，老枝灰色或灰褐色；冬芽长达 1.5 厘米，有 1 对具纵槽的外鳞片，外面有微糙毛或无毛。

**叶**：叶厚纸质，形状、大小和毛被变化很大，椭圆形、卵状椭圆形、卵状矩圆形至矩圆形，有时条状矩圆形，长（2~）3~7（~8.5）厘米，顶端尖或稍钝，基部有时微心形，近无毛或下面脉上有少数刚伏毛或两面均有疏或密的刚伏毛和短糙毛，边缘有刚睫毛。

**花**：总花梗长（0.5~）1~1.5（~2）厘米；苞片宽卵形，长 1.2~3 厘米，有时带紫红色，毛被与叶片同；相邻两萼筒分离，常具刚毛和腺毛，稀无毛；萼檐波状；花冠白色或淡黄色，漏斗状，近整齐，长（1.5~）2.5~3 厘米，外面有短糙毛或刚毛或几无毛，有时夹有腺毛，筒基部具囊，裂片直立，短于筒；雄蕊与花冠等长；花柱伸出，至少下半部有糙毛。

**果实和种子**：果实先黄色后变红色，卵圆形至长圆筒形，长 1~1.5 厘米；种子淡褐色，矩圆形，稍扁，长 4~4.5 毫米。

**花果期**：花期 5~6 月，果期 7~9 月。

# 亮叶忍冬

*Lonicera ligustrina* subsp. *yunnanensis*

**忍冬科** Caprifoliaceae | **忍冬属** *Lonicera*

**植株**：常绿或半常绿灌木，高0.5～2（3）米；老枝干皮灰褐色，条状剥落，幼枝黄褐色，密被短糙毛。

**叶**：叶对生，叶片近圆形至宽卵形，有时卵形、矩圆状卵形或矩圆形，长0.4（～1.5）厘米，先端圆或钝，具尖或钝头，基部宽楔形至圆形，边缘软骨质，反卷，具少数缘毛或无缘毛；叶面亮绿色，中脉无毛或有少数微糙毛，背面淡绿色，无毛，中脉在叶面或至少在基部下陷，在背面突起，侧脉每边约5～7条，背面明显；叶柄极短，长约1毫米，密被短糙毛，腋生；苞片钻形，密被短糙毛，小苞片合生成杯状壳斗，包围2分离的萼筒；萼筒长约1毫米，萼齿小而尖，具糙缘毛。

**花**：花较小，花冠白色至粉红色，漏斗形，花冠长（4～）5～7厘米，外被短糙毛，间有腺点，冠筒基部具浅囊，内面有柔毛；雄蕊5枚，与花柱略伸出；花柱下部疏被糙毛。

**果实和种子**：果球形，紫红至紫黑色；种子卵圆形，长约2毫米，浅黄褐色，光滑。

**花果期**：花期4～6月，果期9～10月。

# 金银忍冬

**忍冬科** Caprifoliaceae | **忍冬属** *Lonicera*

*Lonicera maackii*

**植株**：落叶灌木，高达 6 米，茎干直径达 10 厘米；凡幼枝、叶两面脉上、叶柄、苞片、小苞片及萼檐外面都被短柔毛和微腺毛；冬芽小，卵圆形，有 5 ~ 6 对或更多鳞片。

**叶**：叶纸质，形状变化较大，通常卵状椭圆形至卵状披针形，稀矩圆状披针形或倒卵状矩圆形，更少菱状矩圆形或圆卵形，长 5 ~ 8 厘米，顶端渐尖或长渐尖，基部宽楔形至圆形；叶柄长 2 ~ 5（~8）毫米。

**花**：花芳香，生于幼枝叶腋；总花梗长 1 ~ 2 毫米，短于叶柄；苞片条形，有时条状倒披针形而呈叶状，长 3 ~ 6 毫米；小苞片多少连合成对，长为萼筒的 1/2 至几相等，顶端截形；相邻两萼筒分离，长约 2 毫米，无毛或疏生微腺毛，萼檐钟状，为萼筒长的 2/3 至相等，干膜质，萼齿宽三角形或披针形，不相等，顶尖，裂隙约达萼檐之半；花冠先白色后变黄色，长（1 ~）2 厘米，外被短伏毛或无毛，唇形，筒长约为唇瓣的 1/2，内被柔毛；雄蕊与花柱长约达花冠的 2/3，花丝中部以下和花柱均有向上的柔毛。

**果实和种子**：果实暗红色，圆形，直径 5 ~ 6 毫米；种子具蜂窝状微小浅凹点。

**花果期**：花期 5 ~ 6 月，果期 8 ~ 10 月。

## 越桔叶忍冬

*Lonicera myrtillus*

忍冬科 Caprifoliaceae | 忍冬属 *Lonicera*

**植株**：落叶多枝灌木，高达 3 米；叶、叶柄和苞片（有时包括小苞片和萼齿）常疏生红褐色微腺缘毛；幼枝灰褐色或带红紫色，被直的微糙毛或无毛，有时夹杂微腺毛，老枝直立或仰卧，灰褐色或灰黑色；冬芽有数对顶尖的鳞片。

**叶**：叶纸质或厚纸质，形状变化很大，在短枝上常呈倒卵形至倒卵状矩圆形或倒披针形，有时矩圆形至宽椭圆形或卵形，长 0.5 ~ 2 厘米，宽 3 ~ 8 毫米，顶端钝至圆形而常具小凸尖或短尖，基部楔形，无毛，很少下面或仅中脉散生短糙毛，老叶下面常有极小锈色斑点；叶柄长 1 ~ 2 毫米，无毛或很少具微糙毛。

**花**：总花梗出自侧生短枝的叶腋，长 1 ~ 15 毫米，无毛或有微糙毛；苞片叶状，形状和大小的变化与叶相类似，长常超过萼齿；杯状小苞顶端截形或有浅齿，有时裂为 2 片，长为萼筒的 1/2 至相等；相邻两萼筒中部以上至全部合生，萼檐浅杯状，萼齿三角形或卵状三角形，常不根等，顶端钝或有时稍尖；花冠白色、淡紫色或紫红色，筒状钟形，长 6 ~ 8 毫米，外面无毛，筒内有柔毛，喉部毛较密，裂片圆卵形或近圆形，长为筒的 1/2 ~ 1/4；雄蕊和花柱内藏，花药长约 1 毫米，达花冠筒中部以上至喉部稍下处；花柱较短，柱头达花冠筒中部或上部 1/3 处。

**果实和种子**：果实紫红色，近圆形，直径 4 ~ 6 毫米；种子淡褐色，卵圆形至矩圆形；扁，长 2 ~ 3 毫米。

**花果期**：花期 5 ~ 6（ ~ 7）月，果期 8 ~ 9 月。

# 黑果忍冬

**忍冬科** Caprifoliaceae | **忍冬属** *Lonicera*

*Lonicera nigra*

**植株**：落叶灌木，高达 1.5 米；幼枝和总花梗常有微毛和细短腺毛；冬芽有数对外鳞片。

**叶**：叶薄纸质，矩圆形、椭圆状披针形、倒卵形或倒卵状披针形，长 1.5～6 厘米，顶端尖，稀稍钝，基部宽楔形至圆形，除下面中脉两侧常有白色髯毛外，均无毛；叶柄长 2～5 毫米。

**花**：总花梗细，果时长（1.5～）2～3 厘米；苞片小，披针形，长约为萼筒的 1/2；杯状小苞有腺缘毛，比萼筒短；相邻两萼筒分离，萼齿宽披针形，长约 1 毫米，有腺缘毛；花冠红色，唇形，长约 8 毫米，筒基部有囊肿，内面有柔毛；花丝无毛，与花冠等长；花柱中部以下有柔毛。

**果实和种子**：果实蓝黑色，圆形，直径 5～7 毫米；种子矩圆形或卵圆形，长 3～4 毫米，有微细颗粒。

**花果期**：花期 5 月，果期 8～9 月。

# 红花岩生忍冬

*Lonicera rupicola* var. *syringantha*　　　　**忍冬科** Caprifoliaceae｜**忍冬属** *Lonicera*

**植株**：落叶灌木，高达1.5（~2.5）米，在高海拔地区有时仅10~20厘米；幼枝和叶柄均被屈曲、白色短柔毛和微腺毛，或有时近无毛；小枝纤细，叶脱落后小枝顶常呈针刺状，有时伸长而平卧。

**叶**：叶纸质，3（~4）枚轮生，很少对生，条状披针形、矩圆状披针形至矩圆形，长0.5~3.7厘米，顶端尖或稍具小凸尖或钝形，基部楔形至圆形或近截形，两侧不等，边缘背卷；上面无毛或有微腺毛，叶下面无毛或疏生短柔毛；幼枝上部的叶有时完全无毛；叶柄长达3毫米。

**花**：花生于幼枝基部叶腋，芳香，总花梗极短；凡苞片、小苞片和萼齿的边缘均具微柔毛和微腺；苞片叶状，条状披针形至条状倒披针形，长略超出萼齿；杯状小苞顶端截形或具4浅裂至中裂，有时小苞片完全分离，长为萼筒之半至相等；相邻两萼筒分离，长约2毫米，无毛，萼齿狭披针形，长2.5~3毫米，长超过萼筒，裂隙高低不齐；花冠淡紫色或紫红色，筒状钟形，长（8~）10~15毫米，外面常被微柔毛和微腺毛，筒长为裂片的1.5~2倍，内面尤其上端有柔毛，裂片卵形，长3~4毫米，为筒长的1/2~2/5，开展；花药达花冠筒的上部；花柱高达花冠筒之半，无毛。

**果实和种子**：果实红色，椭圆形，长约8毫米；种子淡褐色，矩圆形，扁，长4毫米。

**花果期**：花期5~8月，果期8~10月。

## 齿叶忍冬

*Lonicera setifera*

**忍冬科** Caprifoliaceae | **忍冬属** *Lonicera*

**植株**：落叶灌木或小乔木，高达3（~5）米；幼枝连同叶柄密生微糙毛，并散生刚毛和腺毛，有时全无毛，老枝常密生呈小瘤状突起的毛基；冬芽长2~4毫米，有1对外鳞片。

**叶**：叶纸质至厚纸质，矩圆形至矩圆状披针形，长3~10（~12）厘米，顶端渐尖或短尖，基部宽楔形至圆形，边缘通常浅波状至不规则浅裂或齿裂（营养枝上的叶分裂较深）；下面被糙伏毛，两面脉上有硬伏毛，边缘有硬缘毛；叶柄长4~8毫米。

**花**：花先于叶开放，总花梗极短；苞片宽卵形，最长达1厘米；相邻两萼筒分离，萼檐短于萼筒，萼齿近圆形或卵形；凡总花梗、苞片、萼筒和花冠内外两面均有硬毛和腺；花冠白色、淡紫红色至粉红色，钟状，长10~14毫米，近整齐，裂片卵形，稍短于筒；雄蕊极短，内藏；花柱长为花冠筒之半，无毛。

**果实和种子**：果实红色，椭圆形，长10~12毫米，有刚毛和腺毛；种子浅褐色，矩圆形，长约5毫米，有棱。

**花果期**：花期3~4月，果期5~6月。

# 唐古特忍冬

*Lonicera tangutica*

**忍冬科** Caprifoliaceae | **忍冬属** *Lonicera*

**植株**：落叶灌木，高达2（~4）米；幼枝无毛或有2列弯的短糙毛，有时夹生短腺毛，二年生小枝淡褐色，纤细，开展；冬芽顶渐尖或尖，外鳞片约2~4对，卵形或卵状披针形，顶渐尖或尖，背面有脊，被短糙毛和缘毛或无毛。

**叶**：叶纸质，倒披针形至矩圆形或倒卵形至椭圆形，顶端钝或稍尖，基部渐窄，长1~4（~6）厘米；两面常被稍弯的短糙毛或短糙伏毛，上面近叶缘处毛常较密，有时近无毛或完全秃净，下面有时脉腋有趾蹼状鳞腺，常具糙缘毛；叶柄长2~3毫米。

**花**：总花梗生于幼枝下方叶腋，纤细，稍弯垂，长1.5~3（~3.8）厘米，被糙毛或无毛；苞片狭细，有时叶状，略短于至略超出萼齿；小苞片分离或连合，长为萼筒的1/4~1/5，有或无缘毛；相邻两萼筒中部以上至全部合生，椭圆形或矩圆形，长2（~4）毫米，无毛，萼檐杯状，长为萼筒的2/5~1/2或相等，顶端具三角形齿或浅波状至截形，有时具缘毛；花冠白色、黄白色或有淡红晕，筒状漏斗形，长（8~）10~13毫米，筒基部稍一侧肿大或具浅囊，外面无毛或有时疏生糙毛，裂片近直立，圆卵形，长2~3毫米；雄蕊着生花冠筒中部，花药内藏，达花冠筒上部至裂片基部；花柱高出花冠裂片，无毛或中下部疏生开展糙毛。

**果实和种子**：果实红色，直径5~6毫米；种子淡褐色，卵圆形或矩圆形，长2~2.5毫米。

**花果期**：花期5~6月，果期7~8月（西藏9月）。

# 华西忍冬

**忍冬科** Caprifoliaceae | **忍冬属** *Lonicera*

*Lonicera webbiana*

**植株**：落叶灌木，高达 3（~4）米；幼枝常秃净或散生红色腺，老枝具深色圆形小凸起；冬芽外鳞片约 5 对，顶突尖，内鳞片反曲。

**叶**：叶纸质，卵状椭圆形至卵状披针形，长 4~9（~18）厘米，顶端渐尖或长渐尖，基部圆或微心形或宽楔形，边缘常不规则波状起伏或有浅圆裂，有睫毛，两面有疏或密的糙毛及疏腺。

**花**：总花梗长 2.5~5（~6.2）厘米；苞片条形，长（1~）2~5 毫米；小苞片甚小，分离，卵形至矩圆形，长 1 毫米以下；相邻两萼筒分离，无毛或有腺毛，萼齿微小，顶钝、波状或尖；花冠紫红色或绛红色，很少白色或由白变黄色，长 1 厘米左右，唇形，外面有疏短柔毛和腺毛或无毛，筒甚短，基部较细，具浅囊，向上突然扩张，上唇直立，具圆裂，下唇比上唇长 1/3，反曲；雄蕊长约等于花冠，花丝和花柱下半部有柔毛。

**果实和种子**：果实先红色后转黑色，圆形，直径约 1 厘米；种子椭圆形，长 5~6 毫米，有细凹点。

**花果期**：花期 5~6 月，果期 8 月中旬~9 月。

# 异叶海桐

*Pittosporum heterophyllum*

**海桐科** Pittosporaceae | **海桐属** *Pittosporum*

**植株**：灌木高 2.5 米；嫩枝无毛，灰褐色，老枝无皮孔。

**叶**：叶簇生于枝顶，薄革质，二年生，线形，狭窄披针形或倒披针形，长 4 ~ 8 厘米，宽 1 ~ 1.5 厘米，有时更狭窄，先端略尖，尖头钝，基部楔形；上面绿色，发亮，下面淡绿色，无毛；侧脉 5 ~ 6 对，与网脉在上下两面均不明显；边缘平展；叶柄长 3 ~ 4 毫米。

**花**：花 1 ~ 5 朵簇生于枝顶，作伞形状，花梗长 7 ~ 15 毫米，无毛，苞片早落；萼片卵形，长 2 ~ 2.5 毫米，基部稍合生，先端钝，无毛，或有睫毛；花瓣长 8 毫米，合生，披针形，先端圆；雄蕊长 4 ~ 5 毫米，花药长 1.5 毫米；雌蕊比雄蕊稍短，子房被毛，花柱长 1.5 毫米；侧膜胎座 2 个，胚珠 5 ~ 8 个。

**果实和种子**：蒴果近球形，稍压扁，直径 6 毫米，2 片裂开，果片薄，木质；有种子 5 ~ 8 个，种子长 2.5 毫米，干后黑色，种柄极短；宿存花柱长 2 毫米。

**花果期**：花期 4 ~ 6 月，果期 7 ~ 10 月。

# 吴茱萸五加

**五加科** Araliaceae丨 **五加属** *Acanthopanax*

*Acanthopanax evodiaefolius*

**植株**：灌木或乔木，高2~12米；枝暗色，无刺，新枝红棕色，无毛，无刺。

**叶**：小叶有3枚，在长枝上互生，在短枝上簇生；叶柄长5~10厘米，密生淡棕色短柔毛，不久毛即脱落，仅叶柄先端和小叶柄相连处有锈色簇毛；小叶片纸质至革质，长6~12厘米，宽3~6厘米，中央小叶片椭圆形至长圆状倒披针形或卵形，先端短渐尖或长渐尖，基部楔形或狭楔形，两侧小叶片基部歪斜，较小；上面无毛，下面脉腋有簇毛，边缘全缘或有锯齿，齿有或长或短的刺尖；侧脉6~8对，两面明显，网脉明显；小叶无柄或有短柄。

**花**：伞形花序有多数或少数花，通常几个组成顶生复伞形花序，稀单生；总花梗长2~8厘米，无毛；花梗长0.8~1.5厘米，花后延长，无毛；萼长1~1.5毫米，无毛，边缘全缘；花瓣5枚，长卵形，长约2毫米，开花时反曲；雄蕊5枚，花丝长约2毫米；子房4~2室，花盘略扁平；花柱4~2枚，基部合生，中部以上离生，反曲。

**果实和种子**：果实球形或略长，直径5~7毫米，黑色，有4~2浅棱；宿存花柱长约2毫米。

**花果期**：花期5~7月，果期8~10月。

# 狭叶五加

*Acanthopanax wilsonii*

**五加科** Araliaceae | **五加属** *Acanthopanax*

**植株**：灌木，高2～5米；幼枝灰紫色，无毛或有微毛，节上常生细长下向直刺，有时节间有刚毛状刺。

**叶**：小叶有3～5枚，叶柄无毛，长0.5～6厘米；小叶片纸质，倒披针形、披针形或长圆状倒披针形，长4～5.5厘米，宽0.5～1.6厘米，先端尖至短渐尖，基部狭尖，通常偏斜而微弯；上面中脉及侧脉疏生短刺，下面无毛，边缘除基部外有钝齿，中脉微隆起，侧脉3～8对，上面明显，下面不明显，网脉上面微下陷，下面明显而微隆起；几无小叶柄。

**花**：伞形花序单个顶生，直径约4厘米，有花多数；总花梗长1.5～4厘米，无毛；花梗长1～1.7厘米，纤细，无毛；花黄绿色；萼无毛，边缘全缘或有5小齿；花瓣5枚，三角状卵形，长1.5毫米；雄蕊5枚，花丝长2毫米；子房5室，稀4～3室；花柱5枚，稀4～3枚，仅基部合生。

**果实和种子**：果实球形，有5棱，直径6～7毫米；宿存花柱长1.5毫米。

**花果期**：花期6～7月，果期9～10月。

# 楤　木

*Aralia chinensis*

五加科 Araliaceae | 楤木属 *Aralia*

**植株**：灌木或乔木，高 2 ~ 5 米，稀达 8 米，胸径达 10 ~ 15 厘米；树皮灰色，疏生粗壮直刺；小枝通常淡灰棕色，有黄棕色绒毛，疏生细刺。

**叶**：叶为 2 回或 3 回羽状复叶，长 60 ~ 110 厘米；叶柄粗壮，长可达 50 厘米；托叶与叶柄基部合生，纸质，耳廓形，长 1.5 厘米或更长，叶轴无刺或有细刺；羽片有小叶 5 ~ 11 枚，稀 13 枚，基部有小叶 1 对；小叶片纸质至薄革质，卵形、阔卵形或长卵形，长 5 ~ 12 厘米，稀长达 19 厘米，宽 3 ~ 8 厘米，先端渐尖或短渐尖，基部圆形；上面粗糙，疏生糙毛，下面有淡黄色或灰色短柔毛，脉上更密，边缘有锯齿，稀为细锯齿或不整齐粗重锯齿；侧脉 7 ~ 10 对，两面均明显，网脉在上面不甚明显，下面明显；小叶无柄或有长 3 毫米的柄，顶生小叶柄长 2 ~ 3 厘米。

**花**：圆锥花序大，长 30 ~ 60 厘米；分枝长 20 ~ 35 厘米，密生淡黄棕色或灰色短柔毛；伞形花序直径 1 ~ 1.5 厘米，有花多数；总花梗长 1 ~ 4 厘米，密生短柔毛；苞片锥形，膜质，长 3 ~ 4 毫米，外面有毛；花梗长 4 ~ 6 毫米，密生短柔毛，稀为疏毛；花白色，芳香；萼无毛，长约 1.5 毫米，边缘有 5 个三角形小齿；花瓣 5 枚，卵状三角形，长 1.5 ~ 2 毫米；雄蕊 5 枚，花丝长约 3 毫米；子房 5 室；花柱 5 枚，离生或基部合生。

**果实和种子**：果实球形，黑色，直径约 3 毫米，有 5 棱；宿存花柱长 1.5 毫米，离生或合生至中部。

**花果期**：花期 7 ~ 9 月，果期 9 ~ 12 月。

# 异叶梁王茶

*Nothopanax davidii*

五加科 Araliaceae | 梁王参属 *Nothopanax*

**植株**：灌木或乔木，高 2～12 米。

**叶**：叶为单叶，稀在同一枝上有 3 小叶的掌状复叶；叶柄长 5～20 厘米；叶片薄革质至厚革质，长圆状卵形至长圆状披针形，或三角形至卵状三角形，不分裂、掌状 2～3 浅裂或深裂，长 6～21 厘米，宽 2.5～7 厘米，先端长渐尖，基部阔楔形或圆形；有主脉 3 条，上面深绿色，有光泽，下面淡绿色，两面均无毛，边缘疏生细锯齿，有时为锐尖锯齿，侧脉 6～8 对，上面明显，下面不明显，网脉不明显；小叶片披针形，几无小叶柄。

**花**：圆锥花序顶生，长达 20 厘米；伞形花序直径约 2 厘米，有花 10 余朵；总花梗长 1.5～2 厘米；花梗有关节，长 7～10 毫米；花白色或淡黄色，芳香；萼无毛，长约 1.5 毫米，边缘有 5 小齿；花瓣 5 枚，三角状卵形，长约 1.5 毫米；雄蕊 5 枚，花丝长约 1.5 毫米；子房 2 室，花盘稍隆起；花柱 2 枚，合生至中部，上部离生，反曲。

**果实和种子**：果实球形，侧扁，直径 5～6 毫米，黑色；宿存花柱长 1.5～2 毫米。

**花果期**：花期 6～8 月，果期 9～11 月。